点茶师职业培训教材

U0685557

非遗点茶

黄建红　张丹凤　主编

广东旅游出版社
GUANGDONG TRAVEL & TOURISM PRESS

悦读书·悦旅行·悦享人生

中国·广州

图书在版编目（CIP）数据

非遗点茶 / 黄建红, 张丹凤主编. -- 广州 : 广东
旅游出版社, 2025. 5. -- ISBN 978-7-5570-3521-1

Ⅰ. TS971.21

中国国家版本馆CIP数据核字第2025G8P946号

出 版 人：刘志松
责任编辑：林保翠 李菁瑶
封面设计：谭敏仪
内文设计：艾颖琛
供　　图：《宣和北苑贡茶录》、廖成义《后井滴一窟》、深圳春田姑娘汉文化工作室、黄建红、
　　　　　刘成龙
责任校对：李瑞苑
责任技编：冼志良

非遗点茶
FEIYI DIANCHA

出版发行：广东旅游出版社
　　　　　（广州市荔湾区沙面北街71号首、二层）
邮　　编：510130
电　　话：020-87347732（总编室）020-87348887（销售热线）
投稿邮箱：2026542779@qq.com
印　　刷：广州市岭美文化科技有限公司
　　　　　（广州市荔湾区花地大道南海南工商贸易区A栋）
开　　本：787毫米×1092毫米　16开
字　　数：217千字
印　　张：11.25
版　　次：2025年5月第1版
印　　次：2025年5月第1次
定　　价：68.00元

《非遗点茶》

编委会

前言

点茶，作为中华茶文化的璀璨明珠，自中晚唐发端，于两宋时期臻至鼎盛，承载着千年文脉的厚重与雅致。它不仅是一门精妙的技艺，更是一种文化精神的凝练，是古人生活美学与哲学智慧的具象化表达。从宋徽宗在《大观茶论》中提出"七汤点茶法"的极致追求，到文人雅士以茶会友、以茶明志的风雅传统，点茶早已超越饮馔之需，成为中华文明"天人合一"思想的生动诠释。如今，点茶技艺已被国内多地列入非物质文化遗产名录，这既是对历史的致敬，亦是对未来的召唤。

本书《非遗点茶》的编撰，旨在以系统性、科学性和传承性为纲，构建一套包含茶、器、技等的点茶文化体系。全书以"非遗保护"为核心，围绕"技艺传承"与"文化创新"两大主线展开：

其一，追根溯源，梳理点茶文化的历史脉络。 本书从中国茶文化的整体发展切入，阐述宋代点茶的前世今生，通过对茶叶、茶器、茶技、茶礼等的挖掘和探索，表达其作为"文化符号"的深层意蕴。无论是北苑贡茶"龙团凤饼"的极致工艺，建盏"兔毫""油滴"的窑变斑纹，还是一点一拂的点茶手法，皆不囿于技艺复原，而是重在匠心文脉的活态传承，展现点茶技艺背后的匠心与哲思。

其二，守正创新，探索传统技艺的现代转化。 本书不仅传承了宋代点茶的基本流程，更结合当代审美与科技手段，呈现点茶的艺术升华、茶具的工艺复刻、茶会的场景设计、点茶主题展演等创新实践。通过"非遗点茶十二式"等标准化教学体系，将古老技艺转化为可操作、可传播的现代语言，助力点茶融入当代生活。

其三，分层进阶，构建点茶师的专业成长路径。 全书将点茶师技能等级分为初级、中级、高级，从基础操作到茶会策划，从技艺精研到文化展演，层层递进。书中既强调"仪容仪表""点茶手法"等细节规范，亦注重"茶席美学""主题设计"等综合素养，力求培养兼具技艺功底与文化底蕴的新时代点茶师。

点茶之魅力，在于其技近乎"道"的独特气质。一筅击拂，沫饽如雪，既是物性之精微，亦是心性之修炼。本书的编写，凝聚了茶学界、非遗保护机构、工艺匠人的集体智慧，既是对传统技艺的保护性记录，亦是对文化生命力的创造性激活。我们期待，读者能透过此书，触摸宋人"焚香、点茶、挂画、插花"的生活美学，更能在当代语境下，以点茶为媒，架起连接传统与现代、东方与世界的文化桥梁。

本书的编写得到了广东轻工职业技术大学、广州市荔湾区归国华侨联合会、广州市荔湾区沙面小学教育集团、广东省茶业行业协会、广东省高级评茶师学会、广州市荔湾区非物质文化遗产协会的大力支持，以及潮州工夫茶艺技艺国家级代表性传承人叶汉钟、中国工艺美术大师张明辉、国家高级职业指导师杨耀基等专家的悉心指导，在此致以诚挚谢意。编写中还参考引用了许多同道的研究资料（参考文献附后），在此一并致谢！

非遗点茶，非止于技，更在于心。非遗点茶的传承，贵在日常的实践与守护。正如本书所秉持的传承理念——"使用便是最好的传承"，愿此书能接过传承之棒，将点茶融入当代生活日常，使人们开启另一种茶饮生活，最终让这盏千年茶香得以永续流芳。

《非遗点茶》编委会

2025年5月

序

茶，这种承载着中华民族数千年文化与智慧的神奇树叶，在历史的长河中熠熠生辉。其制作与品饮方式如繁星般璀璨，不断演变与发展。而点茶，无疑是其中最为耀眼的一颗明珠。

回想起初次听闻黄建红致力于研究和复刻宋代点茶，我心中满是欣慰与期待。时光回溯到2010年亚运会期间，在亚运媒体村的中国茶馆里，我与她相遇。那时的她，眼神中透着机灵，对茶的热爱与求知欲如火焰般炽热。她来自福建建阳，那是乌龙茶的著名产地，然而，她并未满足于现状，而对潮州工夫茶与宋代点茶的茶艺充满了无尽的探索欲望。

在亚运媒体村跟我学习的一个月，是她茶艺精进的重要时光。她勤奋刻苦，努力学习潮州工夫茶艺和宋代点茶，对宋代点茶法更是表现出了极为浓厚的兴趣。此后，她踏上了深入研究古代茶文化的征程。她埋首于古代茶文化相关书籍，如饥似渴地挖掘、学习古籍史料，品味宋代文人的点茶诗词，沉浸在博物馆里与点茶相关的宋画中，试图从中探寻古人的点茶智慧。同时，她对宋代的古陶瓷和茶器具也进行了全面而深入的研究。

为了烧出理想的点茶器，她毅然在建阳投建了柴烧龙窑，决心用古法烧制技艺复刻宋代器型。这是一段充满挑战的旅程，经过一年半的持续试烧，无数次的记录、调整与改进，她终于取得了令人瞩目的成果。那一只只精美的点茶器，是她汗水与智慧的结晶。

黄建红的执着与探索精神，着实令人赞叹不已。她深刻地认识到，非遗的传承绝非仅仅依靠口口相传，更需要与现代理念紧密结合，制定相关标准，编著系统而实用的教材。她怀揣着美好的愿景，希望通过自己的不懈努力，让点茶这一古老的技艺在当代社会中重焕新生，吸引更多的人喜爱上点茶，让这一盏茶成为人们生活中不可或缺的美好享受。

如今，黄建红被评为广州市荔湾区非物质文化遗产"广州茶艺（点茶技艺）"代表性传承人，这份荣誉是对她多年来辛勤付出的高度肯定，也更加坚定了她在点茶传承道路上勇往直前的信念。我坚信，这本以标准为核心的点茶教材，必将成为点茶传承的重要基石，为点茶的未来发展铺就一条坚实的道路。

愿这本教材如一盏明灯，引领着更多的人踏入点茶的奇妙世界，感受其独特的魅力。让我们共同期待，这一古老的技艺能够在现代社会中绽放出更加绚烂夺目的光彩，让点茶的文化与精神在新时代得以延续和传承。

叶汉钟

2025年1月20日

目录
CONTENTS

第一部分

基础知识

第一章
职业道德

一、职业道德基本知识

1. 职业道德的含义

职业道德是与职业活动紧密相关的道德准则、情操和品质的总和，是社会普遍认可的职业规范。它没有固定形式，通常以观念、习惯、信念等形式存在，依靠文化和自律来实现，不具备法律约束力。职业道德具有多元化特点，不同企业可能有不同的价值观。理解职业道德需注意四点：

内容上，职业道德明确职业义务、责任和行为准则，反映特定职业的特殊利益要求，基于特定职业实践而形成。

表现形式上，职业道德具体、灵活、多样，采用制度、守则等形式，易于被从业人员接受和执行。

调节范围上，职业道德既调节从业人员内部关系，增强凝聚力，又调节从业人员与服务对象的关系，塑造职业形象。

效果上，职业道德使社会道德原则职业化，使个人道德品质成熟化，将职业要求和生活态度紧密结合，帮助从业人员形成稳定的职业心理和习惯。

2. 职业道德的社会作用

职业道德是社会道德体系的重要组成部分，具有社会道德的一般作用和特殊作用，具体表现在以下几个方面：

在职业交往中调节从业人员内部及从业人员与服务对象间的关系。职业道德的基本职能是调节职能，既约束内部人员行为，促进团结合作，也规范从业人员与服务对象间的关系。

有助于维护和提高本行业的信誉。行业信誉是社会公众对企业及其产品与服务的信任程度，从业人员高水平的职业道德是高质量产品和服务的有效保证。

促进本行业的发展。行业、企业发展依赖于高经济效益，而高经济效益依靠高员工素质，其中责任心是最重要的。职业道德水平高的从业人员责任心强，可以促进行业发展。

有助于提高全社会的道德水平。职业道德是社会道德的主要内容，不仅涉及每个从业者对待职业和工作的态度，也能体现其生活态度和价值观念。提高职业道德水平对提高社会道德水平有着重要作用。

二、点茶师的职业道德

点茶师的职业道德主要包括以下几个方面：

热爱专业，忠于职守。点茶师需要具备对茶文化的热爱和对工作的忠诚，这是职业道德最基本的要求。点茶师应不断学习和提升自己的专业技能，以精益求精的态度为宾客点出好茶，传播中国传统文化。

遵纪守法，文明经营。点茶师在提供服务和销售产品时，必须遵守国家相关法律法规，不售卖假冒伪劣产品，不欺骗消费者，保证经营活动的合法性和诚信度。

礼貌待客，热情服务。点茶师应保持良好的服务态度，这直接关系到服务质量。服务礼节是服务的基本要求之一，包括仪容仪表、迎来送往、沟通交流的要求和技巧。

真诚守信，一丝不苟。真诚守信是做人的基本准则，也是社会公德。对茶艺从业人员来说，这是树立信誉和道德形象的途径。点茶师应重视茶品质量和服务，不单纯追求经济利益，以赢得顾客和市场竞争优势。

钻研业务，精益求精。点茶师应不断学习，持续提升自己的专业技能和业务能力，做到干一行，爱一行，专一行。通过培训和实践，掌握点茶技艺，领悟茶道精神，能正确传播和弘扬点茶文化。

这些职业道德规范不仅是指导点茶师职业行为的标准，也是评价其职业行为的总准则，对于提升个人职业素养和行业整体形象具有重要意义。

第二章
点茶文化

点茶"源起中晚唐，盛行两宋"，是中国茶文化的巅峰技艺，蕴含着丰富的文化价值和审美情趣，以其特有的表现形式、高雅品调、美学感受和情感联结深受人们喜爱。点茶技艺行走于从宋代至今的千年茶文化秀场，上至宫廷，下至民间，无数文人雅士、贩夫走卒为之倾倒叹服，把玩揣摩，潜心研究，由此衍生了大量点茶文化理论专著及精妙的点茶技巧。茶百戏（又名水丹青）则将点茶带至一个出神入化的境界，是对点茶的艺术升华，同时也催生了与点茶相关的茶礼、茶俗、诗歌、散文、戏剧和民间故事等。这些都为点茶技艺的发展和传播积淀了丰富的茶文化资源，为点茶文化的传承奠定了坚实的基础。

随着朝代更迭和时代变迁，点茶文化历经浮沉，行至当代，文化复兴成为时代强音。点茶作为一种底蕴深厚又独具美感的技艺表达形式，其表现形式和人文价值逐渐受到广泛关注和认可。

第一节　中国茶文化的发展脉络

点茶是中国茶文化长河里璀璨的明珠。为了更清晰地了解茶文化的前世今生，有必要对整个中国茶文化做一次梳理。

茶是中华民族的举国之饮。它"发乎神农，闻于鲁周公，兴于唐代，盛在宋代"，如今已成了风靡世界的三大无酒精饮料（茶、咖啡和可可）之一。全世界有50余个国家种茶制茶，饮茶习惯遍及全球。寻根溯源，世界各国最初所饮的茶，引种的茶树品种，以及饮茶方法、栽培技术、加工工艺、茶事礼俗等，都是直接或间接地由中国传播过去的。

一、茶文化的起源

关于茶最早的记载，可追溯到远古神话时期。成书于秦汉时期的《神农本草经》中云："神农尝百草，日遇七十二毒，得荼而解之。"荼，泛指有苦味的植物，也即茶的前身。此书中还记载："茶味苦，饮之使人益思，少卧，轻身，明目。"唐代《本草拾遗》指出："诸药为各病之药，茶为万病之药。"以上说法表明，古时人们便认识到了茶的药用价值，加以利用并进行总结。据说神农氏生活于古巴蜀之地，当地森林植被茂密，枯枝落叶经年累月堆积，产生了对人体有毒的瘴气。神农氏正是利用了"荼"的清热解毒功能，消除了瘴气对人体的危害。而森林瘴气长期存在，所以人们便将"荼"当成了日常饮用（食用）的原料，久服成习，茶由"药用"转变为"食用"。

可见，茶作为一种传统饮品，最初以其药用价值而被人类利用。随着时间的推移，茶逐渐从药材转变为日常饮品的原料，这一转变标志着茶作为一种独立饮料类别的正式形成。

至此，广泛意义上的茶文化开始萌芽。

二、茶文化的形成

在汉魏两晋南北朝时期，茶叶逐渐由先秦时期具有药用、食用价值的原料转变为具有多重社会功能的饮品，茶文化开始形成并发展。在这一历史阶段，茶不仅作为一种日常饮品被广泛消费，更在社会礼仪、文化活动以及宗教实践中扮演了重要角色。

在两汉三国时期"荼"字已有了"茶"的意义，这表明茶已被确立为独立植物门类。同时，在文人及官宦家庭中饮茶已成为一种风尚。王褒在《僮约》中描述了购买与烹饮茶的情节，其中包括"武阳买茶"与"烹茶尽具"等细节，反映出茶在当时社会中的普及程度。此外，陈霆在《两山墨谈》中提及汉成帝将茶赐予宠妃赵飞燕的逸事，三国时期亦有吴主孙皓在宴会上以茶代酒赐给不胜酒力的臣子的记载，这些都体现了茶在宫廷文化中的地位。

进入两晋南北朝，随着门阀制度的确立，社会上出现了以奢侈为荣的风气。在此背景下，陆纳、桓温等一些有远见的知识分子提倡以茶代酒，以倡导节俭之风。南齐世祖齐武帝亦在遗诏中提出以茶代替传统的"三牲"祭祀，体现了茶在礼仪中的应用。这些现象表明，茶的社会功能开始超越其自然属性，茶成为一种具有象征意义的文化符号。

魏晋时期，江南地区的繁荣促进了玄学的发展，玄学家和清谈家们倾向于使用茶作为激发思维、维持清醒的手段，茶在文化活动中的地位因此提升。同时，随着佛教的传入和道教的兴起，茶与宗教实践的结合也日益紧密。佛教徒认为茶有助于禅定，而道教徒则视茶为修炼长生永生的重要工具。

这一时期的茶，已经不仅仅是一种物质消费品，它的社会和文化价值得到了显著提升，茶文化由此开始形成并逐渐发展。

三、茶文化的兴盛

唐代是中国茶文化发展的黄金时期，茶的实践价值和理论价值都获得了质的飞跃，具有划时代的意义。

唐代中期，"茶圣"陆羽横空出世，《茶经》也随之问世。《茶经》首次将饮茶当作一个艺术过程，创造了烤茶、选水、煮茗、列具、品饮等一套中国茶艺；首次将"精神"贯穿于茶事之中，将饮茶当成修身养性、陶冶情操的重要方法，突显茶人的品格和思想；首次将儒、道、释三家的思想文化与饮茶结为一体，创造了中国茶道精神。自此，中国茶文化从理论和实践两个维度形成了自身的基本框架。

与此同时，随着茶叶生产和茶文化的蓬勃发展，汉字"茶"在文献中得到了正式的确立和使用，以适应和反映当时社会对茶饮日益增长的关注和需求。这不仅是语言文字发展的必然结果，也是茶文化在社会生活中地位提升的直接体现。

"茶"字的正式出场，尤其《茶经》的问世，是茶文化发展至兴盛的显著标志。《茶经》是对唐及唐以前的茶实践和茶思想的总结提升，代表着茶在实践层面和理论层面的双重发展高度。

唐代茶文化的兴盛与当时的社会经济和文化环境密切相关。一是与佛教的发展有关。佛教寺庙大多建在名山里，气候等条件非常适合种植茶树。而僧人们面壁坐禅时，也需要静心、自悟，茶既可解渴又可提神，因而很受僧人们的喜爱。二是与唐代的科举制度有关。读书人寒窗苦读之际，茶是理想的提神之物。同时，朝廷会试之时，茶果是考场的必备物品。举人们从全国各地而来，携带家乡的茶叶与同试者交流共饮，客观上促进了茶叶的流通。三是与唐代的诗风大盛有关。诗人提笔写诗，除了酒的参与外，茶也是必不可少的激发文思之物，著名诗人卢仝的"三碗搜枯肠，唯有文字五千卷"便是最好的证明。此外，还与唐代贡茶的兴起和禁酒政策有关。以茶上贡促进了各地茶叶、茶具的发展；禁酒使人们转而饮用茶，茶的影响范围因而扩大。

综上所述，唐代茶文化的兴盛是多方面因素共同作用的结果，它不仅反映了当时社会的繁荣与开放，也展现了中华文化的深厚底蕴和独特魅力。

四、茶文化的深化

五代至宋辽金，是茶文化的深化发展期。此时期中原王朝开始走下坡路，北方各少数民族再次崛起，南北大融合大规模进行。茶文化在多元文化背景下得到了深化发展。从茶文化传播的角度来看，饮茶人群和饮茶地域都大大超过了唐代，饮茶方式也有重大变化。

从饮茶人群来看，唐代集中于僧人、道士和文人等，至宋代，饮茶群体扩充至宫廷和广阔的民间。宫廷饮茶的兴盛表现为：宋代开国皇帝赵匡胤有饮茶习惯，之后历代宋帝都承袭了此爱好。其中又以宋徽宗最有代表性。他不仅亲自种茶制茶，还饶有兴致地点茶给群臣饮用，甚至还将茶实践上升到茶理论，编写了极具研究价值的茶学专著《大观茶论》。另外，宫廷里大规模的茶仪、茶宴，客观上也扩充了茶文化的内涵和表达形式。民间饮茶的兴盛表现为：上层社会对茶的喜爱及贡茶征集，致使民间大兴斗茶之风。对茶的集体品评无异于给茶文化的发展打了强心针，茶叶种植技术、制茶工艺、点茶技艺、茶叶和茶汤品鉴方法等都得到了飞速发展。

从地域上来看，唐代已向边疆甚至国外输送饮茶技术和茶文化，但作为文化意义上的品茗活动，仍然集中于盛产茶叶的南方和中原地区。至宋代，宋与辽、金国事活动频繁，中原茶文化大规模输入北方游牧和狩猎民族地区，长久地影响了这些地区的饮茶习惯。宋也因此将茶贸易和交流作为"控制"北方民族的国策。无疑，此时的茶，成为联结南北方的经济和文化纽带。

从饮茶方式来看，唐代以前，以煮茶为主，茶汤里会加入姜、葱、蒜等各种驱寒去苦的调味料；至唐代，经陆羽等人的改良，煎茶成为唐代主流饮茶方式，调味料减少至只有少量盐；从中晚唐至宋代，饮茶方式逐渐发展为点茶，即用少量茶末（茶粉），注水调膏，击拂，拂沫，形成沫饽丰盈、咬盏持久的茶汤。饮茶方式的改变，大大提升了饮茶艺术的格调和品位，点茶技艺也日臻出神入化，衍生出了茶百戏这样的点茶艺术形式，极大地丰富了茶文化的内容。

宋代末年，茶文化在社会动荡中表现出显著的适应性和变化。在这一时期，饮茶逐渐从宫廷和文人士大夫的雅好转变为更加贴近平民的日常生活。

首先，茶艺出现了简化的趋势。宋代初期和中期流行的点茶法，虽然在宫廷和文人雅士中依然受到推崇，但在民间，由于其烦琐的程序和高昂的成本，逐渐被更简便的泡茶法所取代。这种变化反映了社会动荡时期人们对茶文化实用性和便捷性的追求。

其次，茶文化的社会功能也发生了变化。在宋代，茶不仅是一种饮品，更是一种社交媒介和文化象征。茶馆和茶肆成为人们交流、娱乐和交易的场所，这些场所的普及和发展，使茶文化更加深入人心，成为社会生活的重要组成部分。同时，茶文化也在民间礼俗中占有一席之地，如"献茶""元宝茶"等，成为人们日常生活中不可或缺的一部分。

此外，茶文化在宋代还与宗教和哲学思想相结合，特别是与佛教的"茶禅一味"思想相融合，促进了中国茶道文化的发展。这种结合不仅丰富了茶文化的内涵，也使茶文化在精神层面上得到了提升。

在经济方面，茶文化的发展也受到了社会动荡的影响。茶叶的生产和贸易在宋代是国家重要的经济支柱之一，茶叶的出口和茶马贸易对于国家财政和军事都有着重要的意义。随着社会动荡的加剧，茶叶的生产和贸易受到了一定的影响，但同时也促进了茶叶生产技术的改进和新品种的开发。

五、茶文化的曲折演变

进入元代，中原地区的茶文化遭受了少数民族文化的强烈冲击。蒙古族对茶的喜好较为简单直接，他们将茶视为满足基本生活和生理需求的饮品，而非一种艺术或精神享受。在这种文化背景下，茶中加入干果的"果饮"风尚开始流行，这种饮茶方式与唐宋时期形成的饮茶艺术化趋势形成了鲜明对比。此外，由于其他民族统治带来的压迫感和对故国的怀念，中原地区的茶文化逐渐失去了其原有的艺术性和娱乐性，转而趋向简约化和实用化。"果饮"成为主要的饮茶方式和饮茶的简约化趋势，标志着中华茶文化在这一时期的主要发展方向。

明代废止了团饼茶的进贡，改以散茶进贡。这一变革促进了散茶生产和加工技术的迅速发展。此时期虽然仍有点茶的身影，但散茶的普及推动了泡茶的形成与流行。明代中期以后，用沸水直接冲泡散茶的泡茶方式——瀹饮法逐渐流行，并成为后世饮茶的主流。

明代中期以后，中国茶文化经历了一次显著的复兴，这一时期的文化界倡导复古主义思潮，主张"文必秦汉，诗必盛唐"，从而影响了茶文化的发展，使其呈现出一种回归历史风貌的趋势。然而，晚明时期文人对于恢复历史盛况已力不从心，加之政治动荡，导致许多文人对时局感到失望和无奈。他们对于品茶和茶艺的兴趣大减，甚至有人选择借赏玩茶壶而避世，表现出一种孤独而没落的心态。

到了清代，饮茶方式发生了变化，瀹饮法完全取代了传统的品饮方式，使得饮茶的艺术感有所减弱。清末民初，中国社会处于动荡之中，许多文人志士投身于革命活动，悠闲品茶的雅兴大减。自唐宋以来由文人主导的茶文化潮流在此时期受到了阻碍，中国传统茶文化走向衰落。

六、茶文化在近现代的发展

近现代以来，茶文化受到现代科技和市场经济的影响，茶的种植、加工、销售都发生了变化。同时，茶文化也作为一种传统文化被保护和弘扬，茶艺、茶道等传统茶文化活动得到了新的发展。民国时期，中国茶业陷入全面危机，生产萧条，市场萎缩，外销锐减。新中国成立后，人民政府高度重视茶叶生产，茶产业得到迅速恢复和发展。

七、茶文化在当代的复兴

在当代，随着人们对健康和传统文化的重视，茶文化再次得到复兴。茶艺表演、茶文化节、茶叶旅游等活动日益增多，茶文化成为连接传统与现代、自然与人文的重要纽带。自20世纪80年代后期开始，中国内地的茶文化呈现蓬勃发展的良好态势，伴随着中华民族伟大复兴的历史进程，古老的中华茶文化得到弘扬和发展。

第二节　宋代点茶的前世传奇

宋代是中国历史上一个承上启下的朝代,也是政治、经济、文化各方面发展均高度发展的时代,对宋以后的中国文化乃至世界文化都产生了深远的影响。中国现代历史学家陈寅恪先生认为"华夏民族之文化,历数千载之演进,而造极于赵宋之世"。

宋代茶文化的发展高度也一如宋代的历史地位,达到了农耕社会的极致,主要表现为以下几个方面:

首先,形成了影响后世的基本茶概念和茶范式。例如,宋代贡茶的生产工序和环节都有其特定标准,且因帝王的喜好而精益求精,认为茶叶的产地、品种,茶园的管理,鲜叶的采摘、拣择、洗濯、蒸茶,榨茶,研茶,造茶(制饼),焙茶和贮藏等都会影响茶叶品质的高低,都是决定茶叶能否达成上品贡茶的因素。这种茶叶生产和制作标准一直延续到了现代,当今茶叶品质高低的决定因素也取决于以上大多数的环节。

其次,在宋代,形成了茶真正意义上的传播,表现为茶与生活的高度融合。如客来敬茶的习俗、茶与婚姻礼仪的结合等茶礼都在宋代明确形成,茶能养生及具体的对应关系也在宋代被普及。此外,茶馆、茶肆、茶楼在宋代遍地林立,承载普遍的社会功能。

再次,茶为宋代诗词提供了许多新的意象,涌现出了一大批与茶相关的优秀诗作和词作。

最后,与茶有关的理论研究著作也闪耀其间。文人及朝臣、帝王均亲自参与创作,自北宋初至南宋末年不绝于笔。如陶谷的《茗荈录》、蔡襄的《茶录》、宋子安的《东溪试茶录》、宋徽宗赵佶的《大观茶论》、熊蕃的《宣和北苑贡茶录》、赵汝砺的《北苑别录》等。

一、点茶的出现

综合来看,宋代茶文化的外显形式集中体现在"点茶"这一饮茶技艺或饮茶方式上。简单说来,点茶是将茶饼磨成细粉,置于茶盏中,用茶笕调膏、击拂、拂沫,制作出沫饽丰盈的茶汤的过程。点茶是宋代主流的饮茶技艺和饮茶方式,但它并不是在宋代横空出世的,它发端于中晚唐,盛行于两宋,式微于明清。它的产生和发展也依托于贡茶制度、茶饼制法、茶器生产技术、品评制度等因素,需要系统地来理解和领略其全貌。

茶最初进入饮食范畴,是与其他食物一起煮,以羹饮方式食用的。但最迟到南北朝时期,东南江浙地区已不再盛行这种杂煮他物的煮茶法。陆羽在江浙采茶,结交名流高士,最后著成《茶经》,吴越之地的饮茶习俗应当对他有相当大的影响。最后,经陆羽改良,中唐之后的煎茶只保留了盐这一种调味料。

唐代煎茶法的基本程序如下：选茶，煎茶法用的是饼茶；制茶粉，将茶饼经过炙、碾、罗三道工序，做成待烹的茶粉，存放在盒子里备用；选水，选用山水、江河水或井水放到有方形耳的大口锅中；烧水，待第一沸"沸如鱼目，微有声"时，根据水的多少加入适量的盐调味，第二沸"缘边如涌泉连珠"时舀出一瓢开水，加入茶粉并搅动，第三沸"翻波鼓浪"时将先前舀出来的一瓢水倒进去，使开水停沸，养育茶汤的精华，生成沫饽；酌茶，即向茶盏分茶，使各碗沫饽均匀；品茶，趁热饮茶，将鲜白的茶沫、咸香的茶汤和柔嫩的茶粉一起喝下去。

值得注意的是，直接用水冲泡茶叶的方法，在唐代也已经有了。《茶经》卷下"六之饮"中记载："饮有粗茶、散茶、末茶、饼茶者，乃斫、乃熬、乃炀、乃舂，贮于瓶缶之中，以汤沃焉，谓之痷（淹）茶。"只是陆羽对这种用开水泡茶的方法很看不上眼，将其列入"沟渠间弃水"之列。

因此，唐代茶艺中煎煮法占主导，间有冲点法、冲泡法。

点茶法上承唐代煎茶法，下启明清瀹饮法。

五代南唐时期，建安的张廷晖在当地的凤凰山拥有数十里茶园，因不堪战事纷扰，加之当时的闽王很喜欢他所制的茶，遂将方圆三十里的茶山敬献给了闽王。凤凰山茶园从此成为御茶园，因其在闽国北部，便名为"北苑"，所产茶称"北苑茶"。开宝八年（公元975年）十一月，宋帝赵匡胤攻下南唐，建安北苑御茶园被一统入境。太平兴国二年（公元977年），宋太宗指定北苑茶园为北宋的官营贡茶之地。于是，建安地区的茶叶生产和饮茶方式以贡茶为载体和渠道，成为宋代主流茶业之一。

而此地的茶叶生产，又可追溯到唐代。自陆羽《茶经》问世后，只加盐的清饮煎茶法成为主要的饮茶方式，所用茶叶为蒸青茶，通常是将蒸好的茶叶轻捣后制成茶饼。但唐代官茶园的茶饼制作多一道研膏工艺，这也是日后宋代贡茶龙凤团茶的关键制作程序。唐德宗建中元年（公元780年），宰相常衮被贬福建任观察使，在建州主持制茶工作，遂将研膏工艺引入了建州。将蒸青茶叶研末和膏，压成茶饼，谓之研膏茶，或称片茶，因其中间有一小孔便于穿绳携带，所以也叫串茶。研膏茶的名品叫紫笋，又叫香蜡片（一种加蜡面的片茶）。唐贞元后期，建安山地种茶已相当普遍，并且涌现出了许多种茶大户，上面提到的张廷晖便是其中的佼佼者。

二、点茶的发展

上面提到研膏工艺引发斗茶之风，究其实质，在于北苑官焙贡茶制度。

为加强皇权，"以别庶饮"，宋太宗定下规制，用特制的龙凤模具压制茶饼，龙凤团茶从此成为贡茶的定制。北宋多任福建路转运使都致力于贡茶之事，使得贡茶品名与数量逐代增加，在徽宗宣和年间达到顶峰,并稳定至南宋末年。

龙凤团茶有大龙凤团和小龙凤团之分。大龙团的研发者是宋太宗时期任福建路转运使的丁谓。此时,贡茶的数量不多,龙凤茶每年总共50余斤,每斤8饼。宋仁宗时期,著名书法家、文学家蔡襄担任福建路转运使,创制了小龙凤团,每斤20饼,精致异常。此后,每年造小龙小凤各30斤,大龙大凤各300斤,较太宗时增加数倍。仁宗非常喜欢小龙凤茶,轻易不肯赏赐给官员。欧阳修偶得一片,宝贝似的珍藏,多年不舍得享用。

宋神宗时期,福建路转运使贾青制作出密云龙,茶饼上云纹细密,工艺精美绝伦,更超小龙凤团。宋哲宗时期,又研制出了更为精致的瑞云祥龙茶饼。至宋徽宗时期,贡茶制作登峰造极,新添了龙园胜雪、御苑玉芽、万寿龙芽等更为精致的款式。研制龙园胜雪的漕臣郑可简为讨好宋徽宗,将蒸好的茶芽,摘掉外面两小叶,只取中间一缕细芯,用珍贵器具盛清泉水浸泡,使其莹洁光亮,仿佛银线一般,极细、极嫩,谓之银线水芽,再用这缕芽芯研膏制成龙园胜雪。

经过仁宗、神宗、哲宗历朝屡创屡添,哲宗元符年间贡茶总数达到1.8万片(饼、銙)。到徽宗宣和年间,北苑贡茶共计41品,《宣和北苑贡茶录》将其按照采制的时间、场地、芽状和品位分为细色和粗色,据南宋时统计,细色有五纲,共7000余饼,粗色有七纲,共4万余饼。

其间,蔡襄撰写并进呈《茶录》一书,展示了当时的点茶全貌。《茶录》一写再写,最后在英宗治平年间刻石“以永其传”。《茶录》所宣扬的点茶之法广为流传,深入人心,终成两宋主流的饮茶方式。

宋徽宗赵佶更是以帝王之尊,亲撰《大观茶论》,既探究茶叶的种植、生产、制造各环节相关因素与成品茶品质之间的关系及与点茶效果的关联,还论述了茶具的材质、形制、功能与点茶效果的关联。而作为一个多能的顶级艺术家,赵佶以其细腻敏锐的审美才能,准确把握到点茶过程中的细微变化,首创“七汤点茶法”,将点茶技艺提升到无以复加的审美高度。徽宗曾多次亲手为大臣点茶,并将点茶场面绘入其名作《文会图》。点茶文化因此获得了极高的社会文化地位。

明太祖朱元璋“罢造龙团,惟采芽茶以进”,明代开始泡散茶的饮茶方式开始流行。值得一提的是,点茶在明代并非戛然而止,相关文献证明,明代的贵族阶层及文人雅士中仍有人喜爱点茶。

三、点茶的过程

随着北苑贡茶制度的确立,制作贡茶的方法日益精进,而贡茶本身的皇家背景,使其声誉也日益盛大,建州所生产的贡茶因此成为上下公认的名茶。随之而来的是,原为建安民间斗茶的一种冲点茶汤方法的点茶也日益扩大影响，再加上名臣蔡襄所著《茶录》的宣扬，点茶逐渐成为宋代主流的饮茶方式。之后宋徽宗的《大观茶论》，更是对点茶流程和标准进行了精妙的描述，使点茶从民间起步，上达朝廷，经帝王和名臣总结和身体力行，盛行于上层社会，再被寻常百姓效仿。两宋开封、临安两都的茶坊、茶肆林立，人人点茶，时时斗茶。

点茶风气盛行，发展出了合乎时代需求、符合时代风貌的点茶之法，形成包括炙茶、碾茶、罗茶、候汤、熁盏、点茶等在内的一整套体系。在宋代，点茶有两种所指，一种指茶末放入茶盏调膏之后，击拂至出现沫饽的过程，另一种指从炙茶、碾茶开始，到点茶、饮茶结束的一整套流程，用以区分煮茶等其他备饮方式。

现代点茶沿用以上两种所指。广泛意义上的点茶包括炙茶、碾茶至分茶等一系列过程，狭义上的点茶则聚焦于从调膏、注汤、击拂至分茶环节中的技术和艺术过程。

（一）炙茶

炙茶，在唐代煎茶中不可或缺，到宋代，只有隔年的陈茶才需要炙烤。《茶录》中记载："茶或经年，则香色味皆陈。于净器中以沸汤渍之，刮去膏油一两重乃止，以钤箝之，微火炙干，然后碎碾。若当年新茶，则不用此说。"可见宋代时，当年的新茶，不需要炙烤；经过隔年放置的陈茶，则需要先用沸水冲洗茶饼，再刮去茶饼表层茶膏，然后用小火烤干，这个过程即炙茶。

（二）碾茶

将当年新茶茶饼或炙烤过的陈年茶饼，先"以净纸密裹捶碎"，再将敲碎的小块茶饼放入茶碾中，碾成细粉状。碾茶时要注意速度，不能使茶与碾槽接触时间过长，否则茶会染上金属的气味，茶的颜色和新鲜度也会受损。如果碾茶方法得当，此时便能闻到茶的清香。

（三）磨茶

碾过的茶粉，还可经过一道磨茶工序。但因宋代使用团茶，在茶饼制作过程中，茶叶已经被研磨得非常细腻，所以经碾茶之后，可直接罗茶。

（四）罗茶

将碾好的茶粉放入茶罗中，轻缓筛出极细的茶粉。点茶所用茶粉越细越好，可以采用细孔罗多筛几次，力求"绝细"。用这样绝细的茶粉才能点出《大观茶论》里"入汤轻泛，粥面光凝，尽茶之色"的效果。多罗几次，细细的茶粉就可以轻泛在茶汤表面，形成像粥一样光滑细腻的沫饽。

（五）候汤

候汤即煮水。蔡襄认为"候汤最难，未熟则沫浮，过熟则茶沉"，可见候汤对于点茶来说非常关键。唐代陆羽在《茶经》中描述："其沸如鱼目，微有声，为一沸；缘边如涌泉连珠，为二沸；腾波鼓浪，为三沸。以上，水老不可食也。"这就是著名的"三沸"，每一沸对应唐代煎茶的不同步骤。三沸一过,水就老了,不能再用。宋代点茶用细颈瓜棱肚造型的汤瓶煮水,看不到里面的沸腾程度,只能靠听汤瓶里的水声来判断。煮水用嫩不用老,"一鸣"(刚沸腾)即可。

(六)熁盏

熁盏即在点茶调膏之前,用风炉烤热茶盏。《茶录》中写道:"凡欲点茶,先须熁盏令热,冷则茶不浮。"建盏特有的厚壁在熁盏时吸收了热量,可以保持茶汤温度,进而激发和维持茶香。现代点茶流程中,熁盏变成了点茶前的"温器",即用热水烫洗替代了风炉火烤。

(七)点茶

这里的点茶指狭义上的"点茶"概念。宋徽宗赵佶在其茶学著作《大观茶论》里,记载了著名的"七汤点茶法"的全过程,将点茶这种行茶技术过程上升至艺术过程,不仅为当时上下效仿,也构筑了后世点茶的核心体系,影响至今。

"七汤点茶法"即向茶盏中注水七次,点茶成汤。

1. 调膏

"量茶受汤,调如融胶。"这一步是点茶的前戏,是决定水与茶末能否交融一体的关键步骤。即按茶盏大小,量取一茶匙茶粉放入茶盏,再沿盏壁倒入少量热水,然后用茶筅在盏底缓慢转动调和。水不能过多,将茶粉调成膏状(胶质黏稠状)即可。调膏非常重视"匀"这一要求,调膏均匀,茶粉附水均匀,茶粉颗粒与颗粒之间咬合紧密,可使茶性稳定发挥并彻底释放。

2. 一汤

"疏星皎月,灿然而生。"调好膏后,沿茶盏边沿注水,不要直接注在茶面上,注水动作要轻柔。然后用茶筅轻触盏底,搅动茶膏。再逐渐加大力度,用手腕带动茶筅,做快速圆周运动,让茶筅的力量穿透整个茶汤。随着茶筅的击拂,汤面生出稀疏泡沫,茶面渐显白色。在黑色建盏的映衬下,茶盏内犹如夜幕苍穹里疏星隐现,渐升起一轮灿然明月。达到此效果,点茶的根本就立起来了。

3. 二汤

"击拂既力,珠玑磊落。"在茶面注水一圈,注意急注急止,以免破坏茶面。然后用茶筅用力击拂,表面的沫饽有如散珠碎玉般逐渐聚集壮大,汤色比之前更加显白。

4. 三汤

"周环旋复,表里洞彻。"三汤注水跟二汤一样,绕茶汤注水一圈即可。用茶筅击拂的力度要轻匀些,以环绕的方式旋转击打。旋转搅拌时,茶汤被搅起,中间形成空洞,与外部相通。茶汤中的大泡沫被击打成细小泡沫,使得沫饽有如粟粒、蟹眼一般,密密麻麻地交织缠结在茶面。此时,茶汤颜色已经呈现了百分之六七十。

5.四汤

"稍宽勿速,轻云渐生。"四汤注水比三汤要更少一些,茶筅划圈的半径稍稍变大,不要击拂得太快,以免重新激发出大泡沫。此时,汤色的精华在这一刻被焕发,气泡更加绵密,在茶汤表面慢慢堆积,似有云雾从茶面渐渐升起一般。

6.五汤

"轻盈透达,浚霭凝雪。"五汤注水的量可以稍随意一点,运筅的手法要轻盈,击拂集中在茶汤表面,但力量要透达茶筅的顶端。此时,如果沫饽的形成还有欠缺,则继续击拂;如果沫饽已经过多,就轻拂茶筅,令其收敛。五汤击拂得当,则茶面细密的沫饽有如聚集的山间云气,凝固的霜雪。

7.六汤

"以观立作,乳点勃然。"第五汤时,沫饽已然完全呈现,第六汤的作用不再是打出或增加沫饽,而是观察沫饽的效果与变化。气泡在趋于稳定的变化中,可能会使茶汤表面出现不平整的"乳点勃然",可用茶筅在沫饽面上缓慢拂动。

8.七汤

"轻清重浊,稀稠得中。"第七汤的作用是通过注水令茶汤稀稠得当,区分出茶汤的"轻清重浊"。七汤注水后,已经形成的沫饽逐渐上浮,上浮的气势似"乳雾汹涌"。沫饽超出盏面,咬住茶盏,是谓"咬盏"。上面的沫饽和与其混合均匀的部分茶汤轻而清,用来饮用;下面的茶汤重而浊,通常弃而不用。

【知识链接】

大观茶论·点

点茶不一,而调膏继刻。以汤注之,手重筅轻,无粟文蟹眼者,谓之静面点。盖击拂无力,茶不发立,水乳未浃,又复增汤,色泽不尽,英华沦散,茶无立作矣。有随汤击拂,手筅俱重,立文泛泛,谓之一发点。盖用汤已故,指腕不圆,粥面未凝,茶力已尽,雾云虽泛,水脚易生。

妙于此者,量茶受汤,调如融胶。环注盏畔,勿使侵茶。势不欲猛,先须搅动茶膏,渐加击拂。手轻筅重,指绕腕旋,上下透彻,如酵蘗之起面。疏星皎月,灿然而生,则茶面根本立矣。

第二汤自茶面注之,周回一线,急注急止,茶面不动。击拂既力,色泽渐开,珠玑磊落。

三汤多寡如前,击拂渐贵轻匀,周环旋复,表里洞彻,粟文蟹眼,泛结杂起,茶之色十已得其六七。

四汤尚啬,筅欲轻稍宽而勿速,其真精华彩,既已焕然,轻云渐生。

五汤乃可稍纵,筅欲轻盈而透达。如发立未尽,则击以作之。发立已过,则拂以敛之。结浚霭、结凝雪，茶色尽矣。

六汤以观立作，乳点勃然，则以筅著居，缓绕拂动而已。

七汤以分轻清重浊，相稀稠得中，可欲则止。乳雾汹涌，溢盏而起，周回凝而不动，谓之咬盏。宜匀其轻清浮合者饮之。《桐君录》曰："茗有饽，饮之宜人，虽多不为过也。"

（八）品茶

宋徽宗说"夫茶，以味为上"，茶汤是用来喝的，滋味是最为重要的。相比于当代的泡饮法，点茶的品饮更为丰富和立体。一碗点好的茶汤，包含三种物质形态：不溶于水的茶末，是固态；气泡聚合而成的沫饽，是气态；沫饽下的茶汤，是液态。品饮一盏点茶茶汤时，三者同时作用于口腔，层次感立现，尤其是沫饽爆裂带来的奇妙触感，无疑丰富了茶汤滋味。

具体而言，茶汤的滋味如何鉴定？《大观茶论》里给出的标准是"香、甘、重、滑"。

香，指茶的自然真香。

但在宋初时，制茶原料多采用早春嫩芽，因担心其滋味不足，经常会添加麝香、龙脑等香料以助味。直到蔡襄提出"茶有真香"，认为龙麝之香会干扰茶的真香，需要去除，这个观点得到宋徽宗的认同。在宋人眼里，兰花香最是清雅脱俗，常用来比喻谦谦君子之风。宋时文人便常以此标准来衡量茶香，认为上好的茶叶，香味应该是与兰花比肩，甚至超越兰花的，范仲淹就有诗云"斗茶香兮薄兰芷"。彼时文人以兰花比茶，以兰香衡量茶香，茶事也被认为是淡泊高雅的君子之行。

甘，指口中生津回甘之感。

直到今天，"甘"还是品鉴好茶的标准。唐陆羽时，因制茶工艺限制，茶的苦涩味较重，因而在煎茶时会加入少量盐以降低苦涩感。至宋代，制茶工艺进步，茶中的物质保留较为均衡，故而"甘"成为茶滋味的基本要求。蔡襄的"甘香一味未忘情"，韩淲的"吃得一杯茶味甘"，都体现了茶的甘甜的重要性。

重，指汤水滋味饱满，浓醇厚重。

"重"是舌头与口腔的综合感受，取决于内含物质的差异与多寡。另外，茶粉、茶汤和沫饽三种物质形态共同带来的饱满感和沫饽爆裂带来的全方位触感，也是茶汤滋味"重"的缘由。

滑，指茶汤入口有顺滑之感。

如意式咖啡的油脂感，滑糯黏稠又顺滑。要达到此标准，一是要求茶和水完全交融；二是制茶时涩味物质要去除干净，不能让涩"挂"住茶汤，从而达不到"滑"的目的。

除了品评滋味外，观察茶汤的颜色也是品茶时不可或缺的环节。宋代点茶茶汤的颜色"尚白"，"白"也是宋代点茶审美的核心意趣。《大观茶论》中记载："点茶之色，以纯白为上真，青白为次，灰白次之，黄白又次之。"宋代文人对白色茶汤的描绘很精彩，也借此寓情言志。北宋韦骧有诗云"桥上茗杯烹白雪，枯肠搜遍俗缘消"，白色茶汤有神有形，借茶汤消俗缘；南宋王十朋"茗煮寒泉饮清白"，以茶汤来表志；宋初毛滂"解作丰年雪花白"，以茶来表愿；苏东坡"自看雪浪生珠玑"，则表达了为客烹茶的欢趣。

第三节　宋代点茶的现代演绎

宋代点茶的现代演绎，是对古代茶文化的一种致敬，也是对传统文化创新性发展的一种尝试。通过现代的演绎方式，宋代点茶不仅能够作为一种文化遗产得以保存，还能够在当代社会中焕发新的活力，成为连接过去与现在的文化桥梁。宋代点茶的现代呈现方式有以下几种。

一、挖掘并传承点茶技艺与工艺

1. 点茶流程的复原与细化

现代学者及点茶师通过对宋代文献的深入研究，基本复原了点茶的各项流程，并对其进行细化，包括茶叶的选取、炙烤、研磨、筛分，点注击拂，以及水质的挑选、火候的调控、茶具的选用等。

2. 点茶茶具的复刻

宋代点茶所用茶具，如建盏、茶碾、茶筅等，其形制、材质、工艺在现代得到了高度的复刻与创新。如重启建窑、复烧建盏，建盏文化逐渐得到社会各界的关注和认可，建盏产品也逐步走入市场，受到广大收藏家和茶友的喜爱。利用现代科技手段，如3D打印、现代陶瓷烧制技术等，复刻其他点茶茶具，不仅再现了古代茶具的精美外观，还对其功能进行了优化，以适应现代品茶习惯。

二、融合现代审美，创新点茶表达

1. 茶艺表演的艺术化呈现

现代点茶不仅仅是技艺的展示，更是一种艺术的创造。点茶师通过精心地编排与设计，将点茶过程转化为一场视觉与听觉的盛宴。结合灯光、音乐、服饰等元素，点茶表演更具观赏性和艺术性。

2. 茶百戏等技艺的创新传承

茶百戏作为宋代点茶中的独特技艺，在现代得以延续。结合现代绘画艺术，在茶汤上用清水或茶膏作画，增加了点茶的吸引力，也使得茶百戏这种"水上丹青"焕发出了新的生命力。同时，通过投影技术、数字艺术等现代科技手段，茶百戏得以在更广阔的舞台上展现其魅力，吸引了更多年轻观众的目光。

3. 茶点茶果的创新搭配

现代点茶在茶点茶果的搭配上也进行了创新，不仅注重茶点与茶汤的口感协调，还考虑到了茶点的营养价值与美观度。一些现代茶点甚至融入了西式元素，形成了中西合璧的独特风味。这些茶点不仅口感独特，而且造型精美，能够提升品茶的整体体验。同时，结合现代人的健康养生理念，推出低脂、低糖、高蛋白等健康茶点茶食，满足现代人对健康饮食的需求。

4. 文化创意产品的开发设计

首先体现在茶具设计上。根据宋代茶器的造型和材质，复刻建盏、茶筅、茶匙等经典茶具，力求还原宋代点茶器具的原貌。另外，在保留宋代茶器精髓的基础上，结合现代工艺和材料进行创新改良，提升茶具的实用性和美观性，例如使用透明树脂或白色树脂等材料制作现代感十足的茶具，同时保留宋代茶器的造型和韵味。

其次是点茶文化衍生品的设计与生产。以宋代点茶为主题来设计系列文创产品，如茶具套装、茶巾、茶叶罐、文化衫等。这些产品既具有实用性，又富有文化内涵，可以用于收藏或礼品赠送。

最后是通过跨界融合来设计文创产品。与科技结合，生产智能茶具，利用增强现实（AR）或虚拟现实（VR）技术，打造宋代点茶文化的沉浸式体验；与时尚结合，做茶服和配饰设计；与艺术结合，绘制茶画，书写茶诗，制作茶器及进行创意插画等。

三、举办多样化的点茶文化活动

通过举办点茶文化体验活动，让参与者在专业老师的指导下，体验点茶的全过程，包括茶叶研磨、茶汤点制、茶百戏绘制等。与宋代点茶相关的其他文化活动也层出不穷，如茶艺比赛、茶文化节、茶博会等，国际点茶文化交流活动也时有展开。点茶技艺和文化展示作为国际交流的一种方式和手段，近些年越来越受到重视和喜爱。

四、点茶教育及研究

1. 学术研究的深入与成果的传播

宋代点茶作为茶文化的重要组成部分，吸引了众多学者的关注。他们通过挖掘历史文献、进行实地考察等方式，不断深化对宋代点茶的研究。同时，这些学者通过学术论文、专著、讲座等形式，将研究成果传播给更广泛的人群。

2. 点茶教育的体系化建设

现代教育体系对宋代点茶文化给予了高度重视。从中小学到高校，都开设了与茶文化相关的课程。这些课程不仅传授点茶技艺，还注重培养学生的文化素养和审美能力。此外，各种茶文化培训机构也相继涌现，为公众提供了更多学习宋代点茶的机会。

综上，宋代点茶传承在各个层面得以体现。而让点茶融入当代茶生活，在茶事中增加点茶茶具，使点茶成为一种常见的茶饮方式，则是对点茶文化最好的传承，即"使用是最好的传承"。

第三章
点茶之茶

在中国历史上，茶的饮用方法历经唐代的煎茶（煮茶），宋代的点茶，明清的冲泡茶等几个发展阶段。中国茶文化的快速发展，是从唐宋开始的，当时，茶的形态是多样化的。据《茶经》记载，有觕茶、散茶、末茶、片茶，其中片茶（团茶、饼茶）是主流形态。宋时，随着点茶技艺的兴起，茶人们对片茶品质又有了新的要求。茶场、采摘标准、制作工艺、储藏条件等因素，都决定了茶的质量。宋茶，特别是宋代贡茶，可以说创造了中国茶叶史的一个巅峰。

一、宋代茶的分类

宋代将茶分为两大类三种形态。马端临《文献通考》卷十八《征榷考五·榷茶》记："茶有二类，曰片茶，曰散茶。片茶蒸造，实棬摸中串之，唯建、剑则既蒸而研，编竹为格，置焙室中，最为精洁，他处不能造。"即从茶叶整体形态将茶分为散茶和片茶（团茶、饼茶），而片茶又分为研膏和不研膏两类。宋代的贡茶是研膏团饼，这是与现代的任何一种固形饼茶都不同的一种茶饼。现代砖饼茶由茶叶直接蒸压而成，而研膏团饼茶则需先将茶研成极细的粉末后再拍成饼。

二、宋代团茶的制作工艺流程

北苑贡茶是宋代贡茶的极致。陆羽在《茶经》中曾详细地记录了此种茶的制作方法："采之、蒸之、捣之、拍之、焙之、穿之、封之、茶之干矣。"周绛在《茶苑总录》里写道："天下之茶建为最，建之北苑又为最。"北苑之"最"是指北苑御茶园产的北苑贡茶。北苑御茶园位于古代建安县吉苑里，即今建瓯市东峰镇凤凰山区域。建瓯市位于福建省北部，闽江上游，武夷山脉东南面，鹫峰山脉西北侧，属亚热带海洋性季风气候。年平均气温约20℃，年降雨量1600～1800毫米，适宜茶叶的种植与生长。

北苑御茶园所处的凤凰山，位于盛产中国名茶、名酒的"神奇北纬27度"上。这一带的高山低谷覆满茂密的森林，大雾弥漫，土壤呈弱酸性，夏无酷暑，冬不严寒，地理环境与气候条件特别适合茶树的生长,制作出来的茶叶尤其香醇,征服了历代皇帝的味蕾,北苑御茶园的地位由此奠定。北苑土壤类型多样,有肥沃的土壤,如红色黏土(古籍中称"赤埴")、黑色黏土(古籍中称"赤埴")"黑埴"。此外,北苑的茶树品种与当时其他有名的茶区不同,沈括在《梦溪笔谈》中记载:"建茶皆乔木,吴、蜀、淮南唯丛茭而已。"说北苑的茶树是乔木,其他地方则是灌木。

北苑贡茶中又属龙团凤饼最为出名。宋代《宣和北苑贡茶录》记载:"宋太平兴国初,特置龙凤模,遣使即北苑造团茶,以别庶饮,龙凤茶盖始于此。"

龙凤团茶的制作精细绝伦,求嫩,求白,求稀。宋代点茶尚白,龙凤团茶的制作工艺可以让茶叶在点茶时达到色泽和沉浮的标准要求。因为刻意追求色白,宋代北苑贡茶院还非常崇尚使用一种稀有的"白茶"来制作团茶。这是一种变异的茶树品种出产的茶叶,是低温下因叶绿素缺失而形成的白叶茶,可能更近似于今天叶白脉绿的安吉白叶茶或武夷山原生的"白鸡冠",与现代茶类中的白茶并不相同。

宋代的《北苑别录》中有记载,团茶必须经过七道工序:采、择、蒸、榨、研、造和过黄。(见图3-1)

图3-1 团茶制作工序:采摘(图①);拣芽(图②);蒸茶(图③);榨茶(图④);研茶(图⑤);造茶(图⑥);过黄(图⑦)

（一）采茶

1. 采茶日期

北宋初，民间一直是"采以清明"以"开缄试新火"，即品质好的茶叶是明前茶。但由于皇帝对贡茶的重视，御茶采摘制作需要"早、快、新"，贡茶的地方管理官员为争宠，使每年新茶的进贡时间越来越早。到北宋中后期，头茶的采摘时间提前到了惊蛰前十日，晚一点的到惊蛰后五日（约正月下旬）。稍晚一点的是社日之前，"社前十日即采其芽，日数千工繁而造之，逼社即入贡"。春社是农耕时代重要的汉族传统民俗节日之一，在春分节气之际，即清明之前。北苑官焙常在惊蛰（农历三月初五）前三日开焙造茶，不到春分（农历三月二十日）茶已到京师。

2. 采茶时间

采茶时，除了对季节有要求外，宋人对贡茶的采茶时间条件要求极高，要求在初春薄寒、日出之前的清晨采摘，避免艳阳高照的天气。一方面是因为宋人认为夜露富有营养，日出之前采茶才得以保存此精华；另一方面，嫩芽如果受到日晒，容易受损。顶级的贡茶不仅要带露采，甚至要采茶工一人带一个水罐，采下来的茶叶直接投放在水里，以此保持芽的嫩度。管理贡茶园的官员还设专人在采茶当日的日出前打鼓通知茶工上山采茶，并于日出前鸣钲通知茶工收工。

3. 采摘方式

现在的人工采茶要求不能用指甲掐，而是用手指捏断，使采下来的茶叶梗没有破损，不会被氧化。宋代贡茶的采摘则"必以甲，不以指"，"以甲则速断不柔，以指则多温易损"，也就是要求采茶时直接用指甲掐断。这是因为宋时所采的芽太娇嫩了，用手指捏，手指的温度会损坏芽叶。

（二）拣茶（芽）

茶叶采摘下来后，由专人进行分拣工作，目的是保证鲜叶原料的品质。宋代已经建立了严格的茶青等级制度，宣和以后，北苑官焙贡茶的茶青等级由高到低分为四等：水芽、小芽、中芽、拣芽。"水芽"是极品，需要把茶芽蒸熟，在水盆中剔取"仅如针小"的芽芯；"小芽"属上等茶，是单株芽头，形如雀舌米粒；其次叫"中芽"（又称"拣芽"），是一芽带一叶，称为"一枪一旗"；最后是"紫芽"，为一芽二叶，称"一枪两旗"。各等级的茶青，要分开制作，不能混合。采摘的部位不同，制作的茶品也不同。

采摘后还要拣除茶青中的乌蒂、白合及盗叶等。乌蒂是芽孢长出的蒂头，是长不大但老了的小叶，必须剔除，以防茶色黄黑，味苦涩；白合指茶芽中两片合抱而生的小叶；盗叶指的是新发枝条上初生且颜色发白的嫩叶。

（三）蒸茶

茶芽拣好以后，用建安县凤凰山的龙焙泉（又名御泉）进行洗涤，放入甑器中，待水沸后将茶叶蒸熟，以除去青草气。蒸茶要求既不能蒸不熟，也不能蒸太熟，不熟与过熟都会影响成品茶的品质,影响点茶时汤的颜色和滋味。《北苑别录》记载:"然蒸有过熟之患,有不熟之患,过熟则色黄而味淡,不熟则色青易沉,而有草木之气,唯在得中之为当也。"

(四)榨茶

把蒸熟的茶叶用泉水冷却,再用布帛包裹,束以竹皮,然后入榨压出茶汁。这是在鲜叶蒸青之后增加的一道压榨茶汁的工序,即将茶叶的汁液压榨干净,降低茶叶的苦涩味。北宋赵汝砺的《北苑别录》记载:"茶既熟,谓之茶黄。须淋数过(欲其冷也),方上小榨以去其水。又入大榨出其膏(水芽则以马榨压之,以其芽嫩故也)。先是包以布帛,束以竹皮,然后入大榨压之,至中夜,取出,揉匀,复如前入榨。"

制茶中增加压榨这道工序,与宋代建州的茶种成为贡茶有关,因该地贡茶品种多为中叶种,叶片厚,滋味浓,古言"建茶力厚而甘","其味带苦","故惟欲去膏",就是通过榨茶环节,把茶膏榨尽,以降低茶饼中茶多酚和咖啡碱的含量,使点茶的苦涩度大大减轻,保证"甘香重滑"的品质效果。以今天的眼光来看,榨汁会导致茶叶中茶多酚、氨基酸等有效成分流失,是破坏茶叶的一种做法,但是考虑当时点茶的品饮方式与现代冲泡法有较大差别,且制茶工艺不成熟,这不失为一种提升品饮体验的好方法。

(五)研茶

即将茶叶研磨为粉。将榨干的茶叶倒入陶研盆,以木杵反复捣击,研磨出均匀而细腻的茶膏。唐代煎茶所用的茶是用茶碾来研磨的,并不是十分精细,更多呈末状。而在宋代,点茶要在茶水表面形成"粥面",这就要求茶粉极为精细,对研茶这一步骤要求极高。榨茶时已经将茶叶的汁水去掉,研茶就需要加水研磨,加水量的多少要根据茶叶等级来确定。多次加水,反复研磨,这样制作出来的茶粉在点茶时才会使茶面均匀,且不容易下沉。分团酌水,极为讲究,每次研磨都要注一次水,并捣到水干茶热为止。从加水入研茶盆,到研磨至水干的过程,称为一水。贡茶第一等级的龙园胜雪,研茶工序是十六水,其余各等级贡茶的研茶工序是六至十二水。研茶工序十二水以上的茶,每人每天只能研一团,六水以下,每人每天能研三至七团。

(六)造茶

将茶膏放入大小不同的圆形模子中拍紧,压制成型。唐代的棬模样式丰富多样,有圆有方,有大有小。宋代贡茶大多刻有龙、凤图案,要求用银板压制成龙凤团茶。

(七)焙茶(过黄)

焙茶,也称过黄。焙茶需要用焙笼,焙笼下放炭火,炭火无烟无焰,火力通彻,既能干燥茶饼,又能不侵损茶味。焙茶不是一次就完工,在焙火后"要过沸汤爁之",然后再焙火。每焙、爁一次为一宿火。火数的多寡,与茶饼的厚薄有关,厚的茶饼需要焙十至十五宿火,薄的需要焙七至十宿火。这样制出的龙团凤饼,团团都是色泽光莹、品相夺目的精品和极品,也能长期保存。

三、宋代茶的种类划分

龙凤团茶根据大小、重量和所刻图案分为大龙、大凤、小龙、小凤四种类型。福建北苑贡茶所出产的龙凤团茶最为出名，为皇家贡品，其制造不计工本，十分奢靡。庄绰在《鸡肋编》中记载："采茶工匠几千人，日支钱七十足。旧米价贱，水芽一胯犹费五千；如绍兴六年，一胯十二千足尚未能造也，岁费常万缗。"胡仔在《苕溪渔隐丛话》中写道："又有石门、乳吉、香口三外焙，亦隶于北苑，皆采摘茶芽，送官焙添造，每岁糜金共二万余缗。日役千夫，凡两月方能讫事。"曾任福建路转运使的丁谓、蔡襄，在龙凤团茶的创制方面发挥了重要作用。

龙凤团茶制作极致化的代表是龙园胜雪。龙园胜雪选用的材料是银线水芽，即剥去稍大的外叶，只取芽芯中一缕像银线一样晶莹的部分，留下的细丝状若针毫，极其纤细，又称"银丝冰芽"。熊蕃在《宣和北苑贡茶录》感叹道："至于水芽，则旷古未之闻也""茶之妙，至胜雪极矣"。欧阳修评论道："其品精绝，谓之小团，凡二十饼重一斤，其价值金二两，然金可有而茶不可得。"据说，曾任翰林学士、枢密副使的欧阳修在朝为官二十年间，也只不过获得过一饼小团茶，可见龙凤团茶的珍贵。

大体上来说，北苑的龙凤团茶先后有四种类型。

1. 大龙凤团茶

宋真宗时，丁谓改良工艺，制造龙团凤饼。这是早期的产品，形制较大，八饼为一斤。（见图3-2）

图3-2 读画斋丛书辛集本《宣和北苑贡茶录》中的大龙茶楦模

2. 小龙凤团茶

宋仁宗时，蔡襄添创更为精细的小龙凤团茶，二十饼为一斤。（见图3-3）小龙凤团茶极其贵重，欧阳修在《归田录》中说其贵逾黄金，有价无市。

图3-3 读画斋丛书辛集本《宣和北苑贡茶录》中的小凤茶棬模

3. 密云龙

宋神宗时，追求贡茶精细之风逐渐盛行，贾青在小龙团的基础上又进一步提升，取小团之精细者为密云龙，茶饼的云纹更加细密，制作工艺更加精湛。哲宗绍圣年间，"瑞云祥龙"出现，把北苑茶推向极致。瑞云祥龙一年只能制作十来饼，有时候还不到十饼，一饼不到一两，极为珍贵。

4. 龙园胜雪

宋宣和二年（公元1120年），福建路转运使郑可简投徽宗所好，别出心裁地将蒸熟的细芽剥去外层，抽取其中的芽芯，制成最上品的贡茶——龙园胜雪。

第四章
点茶之器

第一节　宋代点茶常用的茶器

"茶兴于唐而盛于宋"，唐代饮茶之风已经盛行，至宋代，饮茶更是成为宋人生活的一部分，从著名的《清明上河图》中可以清楚看见当时生意兴隆的茶馆坐落于闹市之中。宋代是古代美学的一个高峰，美学风格发挥到了极致，陈寅恪先生认为中国文化"造极于赵宋之世"。

一、宋瓷简介

宋代是我国历史上制瓷的巅峰时期，瓷器制作融入了宋代高雅的审美艺术。大量制作和使用的青瓷、白瓷，与当时备受士大夫追捧的点茶用具——黑瓷建盏同朝争辉。宋代瓷器种类按体系可分为三种：青瓷体系、白瓷体系以及黑瓷体系。宋代五大名窑分别是汝窑、哥窑、官窑、定窑、钧窑。青瓷体系中含汝窑、官窑、哥窑、龙泉窑（即弟窑）以及钧窑，白瓷体系中含定窑和磁州窑，黑瓷体系则有建窑和吉州窑。

宋代瓷器的釉面色泽丰盈，器型多样。釉色之美是宋代茶器的一个重要美学特质。由于宋代"尚青"的审美标准以及禅宗美学的极力推崇，宋代茶器进一步获得审美地位。可以说，宋代茶器的差异化审美首先是从釉色开始的。尤其是在工艺的进步之下，釉色及胎质得到严格的把控，使得宋代茶器青瓷如冰似玉的特质进一步发挥出来。

因瓷器更能突显茶的颜色，保持茶的香气，且不烫手，所以瓷器成为受欢迎的专用茶具。唐代最有名的南北两大名窑：南方的是浙江余姚的越窑，生产青瓷茶具；北方的是河北邢台的邢窑，生产白瓷茶具。宋代茶更为普及，尤其是斗茶之风盛行，推动了社会对高品质茶具的追求，名窑名盏不断涌现。

1. 汝窑

汝瓷属五大名窑之首，窑址在今河南省宝丰县大营镇清凉寺村，宋时属汝州。汝窑主要生产青瓷。汝窑瓷胎体一般较薄，釉层较厚，有玉石般的质感，釉面有很细的开片，造型上则比较庄重大方。

2. 哥窑

哥窑将开片的美发挥到了极致,瓷器釉面大开片纹路呈铁黑色,称"铁线",小开片纹路呈金黄色,称"金丝"。"金丝铁线"使平静的釉面产生韵律美,是哥窑的典型特征。宋代哥窑瓷器以盘、碗、瓶、洗等为主。

3. 官窑

官窑瓷器主要为素面,既无华美的雕饰,又无艳彩涂绘,最多使用凹凸直棱和弦纹为饰。瓷器胎色铁黑,釉色粉青,"紫口铁足"为瓷器增添古朴典雅之美。常见的官窑器型有盘、碟、洗等。

4. 定窑

定窑是最早为北宋宫廷烧造御用瓷器的窑场,也是宋代五大名窑中唯一烧造白瓷的窑场,窑址在今河北省曲阳县。定窑白瓷细薄润滑的釉面白中微闪黄,给人以温润恬静的美感。由于善于运用印花、刻花、划花等装饰技法,定窑白瓷将白瓷从素白装饰推向了一个新阶段。定窑瓷器器型以盘、碗最多。元代文人刘祁曾在《归潜志》中赞扬定窑白瓷的精美,称"定州花瓷瓯,颜色天下白"。

5. 钧窑

钧窑在河南省禹州市(时称钧州)。钧窑虽然也属于青瓷,但它不是以青色为主的瓷器。钧窑发明了窑变色釉技术,使釉色青里透红,灿若云霞。天青釉带托茶盏、玫瑰斑茶碗都是绝世精品。

除了以上五大名窑外,江西省景德镇的景德镇窑、陕西省铜川市黄堡镇的耀州窑、河北省邯郸市彭城镇和观台镇一带的磁州窑、浙江省龙泉市的龙泉窑、福建省的建窑都家喻户晓且自成一体。江西省景德镇从汉代就开始制作陶瓷,唐代时制瓷工艺已有较高技术造诣,至宋代开始走向繁荣,宋真宗景德元年被赐名"景德镇",成为中国历史上唯一用皇帝年号命名的城市。明、清时官府在珠山设御器厂,景德镇成为全国的制瓷中心。景德镇所产的青白瓷,胎薄质坚,釉色晶莹,声音清脆,故有"白如玉、明如镜、薄如纸、声如磬"的美誉。

二、宋代茶器

宋代的茶器极为讲究,主要特点是"古朴简洁",讲究实用和美观兼备。

宋代点茶工具主要有茶炉、茶瓶、茶筅、茶盒、茶盏、盏托、茶巾、茶勺等。宋代审安老人选取点茶道中的十二种器具,根据其特性和功用,以拟人化手法赋予其姓,配以名、字、号、官爵等,并附图绘成《茶具图赞》,又称其为"十二先生"。它们分别是韦鸿胪(茶炉)、木待制

扫码观看点茶十二先生
介绍视频

（槌）、金法曹（茶碾）、石转运（茶磨）、胡员外（瓢杓）、罗枢密（罗合）、宗从事（茶刷）、漆雕密阁（盏托）、陶宝文（茶盏）、汤提点（水注）、竺副帅（茶筅）、司职方（茶巾）。（见图4-1）

图4-1 《茶具图赞》十二先生

1. 韦鸿胪

韦鸿胪指的是炙茶用的烘茶炉。

古代竹简多为"韦编"，即用皮绳编连竹板。因茶焙乃编竹围盖之，故取"韦"为姓，又能与"围"形成谐音双关。鸿胪原为掌朝庆贺吊之官，因其与"烘笼""烘炉"音近，故爵以"鸿胪"。

茶焙炉火常温，故名"文鼎"，意为文火之炉。又字"景旸"，旸为日出，取意始温。茶焙为编，四围满布孔隙，故号"四窗闲叟"。

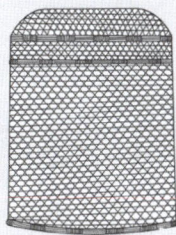

韦鸿胪，名文鼎，字景旸，号四窗间叟。

名称	焙茶炉
用途	炙茶
形状	用竹编制成，外面裹以竹叶，中间有隔板，上面放茶叶，下面放容火器。
使用方法	将茶饼用竹叶或嫩香蒲叶封裹好后，放茶焙中的隔板上，每于二三日一次，用火常如人体温。
使用目的	焙茶是为了再次清除茶叶中的水分，以便更好地保藏贮存。这是古人采用寓贮于焙、既贮又培的科学制茶方法

韦鸿胪

不使山谷之英
堕于涂炭

2. 木待制

木待制指的是捣茶用的茶臼。茶臼以木为之，故以"木"为姓。待制原为典守文物之官职。茶臼用来把茶叶捣碎，等待碾磨加工环节，因此用"待制"表其义。碎茶能让碾茶更顺利，故将茶臼命名为"利济"。茶臼中空（"心虚"），无心则"忘机"。捣茶是焙茶之后的环节，茶臼与茶焙总是同时使用，故号其为"隔竹居人"。

木待制

山童隔竹
敲茶臼

木待制，名利济，字忘机，号隔竹居人。

名称	茶臼（砧椎）
用途	敲碎茶饼
形状	木制，臼形，配盖子与木槌。
使用方法	将烘烤后的茶饼放入茶臼，捣成碎块，以备放于茶碾中碾成碎块。

陶民
TAO MIN 茶生活

3. 金法曹

金法曹指的是碾茶用的茶碾。茶碾以金属制成，故以"金"为姓。法曹是司法官吏，掌刑狱讼事。茶碾由碾槽和碾轮构成，《大观茶论·罗碾》："凡碾为制，槽欲深而峻，轮欲锐而薄。"爵以"法曹"，是因为"曹"与"槽"同音。

名"研古""轹古"，取义于碾轮的碾轧。字"元锴"，锴为好铁，元锴义为铁制圆碾轮。又字"仲铿"，铿乃象声词，仲铿取义于碾茶时的声音，所以其号有"和琴先生"。

金法曹

浮瓯乳花圆
入碾龙凤碎

金法曹，名研古、轹古，字元锴、仲鉴，号雍之旧民、和琴先生。

名称	茶碾
用途	将茶饼碾成茶末
形状	金属制成，包括碾轮和碾曹，木堕形如车轮。
使用方法	由碾槽与碾轮配合使用，将捣成碎块的茶饼，放入茶碾碾碎，以备放于石磨中磨成末。

陶民
TAO MIN 茶生活

4. 石转运

石转运指的是磨茶用的茶磨。茶磨以石为之，故以"石"为姓。转运乃转运使的略称，转运使原是宋代地方行政区划路一级的长官，如蔡襄曾任福建路转运使。"转运"取义于茶磨的运转功能。磨必有齿，故名"凿齿"。磨的工作是不停地旋转，故以"遄行"为字。以石屋喻石磨，香茶出自石磨，故号"香屋隐君"。

苏轼在《次韵黄夷仲茶磨》中写道："前人初用茗饮时，煮之无问叶与骨。浸穷厥味白始用，复计其初碾方出。计尽功极至于磨，信哉智者能创物。"可见茶磨的使用功能。

陶民 TAO MIN 蓮·花·運

石轉運

磨转春雷飞

白雪

石转运，名凿齿，字遄行，号香屋隐君。

名称	茶磨
用途	将茶饼碾成茶末
材质	石为磨之材质，古今唯磨为石制是不二的选择。
使用方法	将碾碎的茶团放入茶磨，不断转动木制手柄，将茶团磨成茶末。

5. 胡员外

胡员外指的是量水用的水杓。老葫芦剖开制成瓢（匏瓢），故以"胡"为姓。员外是员外郎的略称。葫芦乃圆形，"员外"与水杓的形状谐音。夜晚用瓢在月下汲水，月映瓢中，恰似贮月而归，苏轼的《汲江煎茶》中便有"大瓢贮月归春瓮"句，故号"贮月仙翁"。

胡員外

大瓢贮月
归春瓮

陶民 TAO MIN 蓮·花·運

胡员外，名惟一，字宗许，号贮月仙翁。

名称	茶瓢
用途	分茶（亦有解释为"茶入"）
形状	水瓢的材质是葫芦。将天然的葫芦，选出外观对称、易握者，晾干后对半剖开，就能做成葫芦瓢。
使用方法	舀茶汤

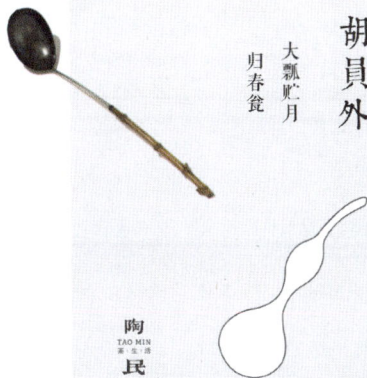

6. 罗枢密

罗枢密指的是筛茶用的茶罗。罗筛以"罗"为姓。枢密是枢密使的略称,掌军国机密要务。茶罗绢纱细密,与"枢密"谐音。蔡襄中《茶录·茶罗》中记载:"茶罗以绝细为佳。罗底用蜀东川鹅溪画绢之密者,投汤中揉洗以幂之。"

罗枢密,名若药,字傅师,号思隐寮长。

凡事不密
则害成

羅樞密

陶民
TAO MIN

名称	茶筛、筛子
用途	筛茶粉
形状	筛网由罗绢散成。蔡襄在《茶录》中曾写过,优质的茶罗,需要将产自四川鹅溪、特别细密的画绢,放入开水中揉洗处理后,才能制成。
使用方法	将磨好的茶末放入筛中,筛成更为细腻的茶粉。

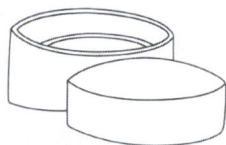

7. 宗从事

宗从事指的是清茶用的茶帚。茶帚用棕丝制成,因"宗"与"棕"同音,故以"宗"为姓。从事乃辅佐州官之吏,而茶帚亦为辅助用具,故爵以"从事"。

茶帚用来拂扫茶粉、茶末,将其聚集,故名"子弗",字"不遗",号"扫云溪友"。故谓"洒扫应对事之末者,亦所不弃","萃其既散、拾其已遗,运寸毫而使边尘不飞"。

边尘不飞
运寸毫而使

宗從事

宗从事,名子弗,字不遗,号扫云溪友。

陶民
TAO MIN

名称	茶帚、茶刷
用途	刷茶末
形状	由宗丝制成,形似扫帚
使用方法	将筛细后的茶粉,刷扫收集,放入茶罐

8. 漆雕秘阁

漆雕秘阁指的是盛放茶盏用的盏托。盏托，亦叫茶托，一直是茶人喜爱的茶器。盏托是用瓷、木或漆器等制成的托子，用来盛放茶盏，以防饮茶时烫手或溅湿。精美的盏托增添了饮茗的情趣，宋代盏托多数是木制，施红黑二色漆。宋代点茶要七次点汤击拂，盏足小不稳定，使用盏托可以增强稳定性。吃茶时手捧盏托，举止优雅，而富有情趣。

盏托多漆雕，故姓"漆雕"。秘阁指尚书省，又可指皇家藏书馆。"阁"与"搁"同音，故爵以"秘阁"。盏托以承搁茶盏，方便端用，故名"承之"，字"易持"，号"古台老人"。

漆雕秘阁，名承之，字易持，号古台老人。

漆雕秘阁 以其弭执热之患

名称	盏托
用途	放置茶盏
形状	材质有陶瓷、金属、漆器等类型
使用方法	点茶结束后，将茶盏放置于盏托之上，双手持盏托，奉茶给客人。

陶民 TAO MIN 茶生活

9. 陶宝文

陶宝文指的是喝茶用的茶盏。茶盏一般为陶瓷质，故以"陶"为姓。宝文指宝文阁，为皇家藏书馆。盏、托配套，托为秘阁，则盏当为"宝文"。"文"也指兔毫纹。宋代点茶，乳沫尚白，建窑黑瓷受到帝王贵胄的追捧，建盏"纹如兔毫"，因兔毫非常名贵，故名"宝文"，号"兔园上客"。

陶宝文 盏色贵青黑 玉毫条达者上

陶宝文，名去越，字自厚，号兔园上客。

名称	茶盏（建盏）
用途	点茶的茶盏
形状	瓷器，产自建窑，有兔毫纹、鹧鸪斑等斑纹
使用方法	将茶粉放入盏中，加入开水，击拂出白色泡沫

陶民 TAO MIN 茶生活

10. 汤提点

汤提点指的是注汤用的汤瓶，又称执壶、茶瓶，是用来装热水、注汤的茶具。肚子很大，可以储存很多的水；出水口细长，可以准确地控制水量；瓶颈很窄长，可以很好地保持水温。

汤指热水，因此以"汤"为姓。名"发新"，字"一鸣"，说明点茶后茶显色，点茶出水时鸣鸣有声。号"温谷遗老"，指其烹茶功能。"提点"，意指提而点茶的功能。"提点"还是官名，宋代设各路提点刑狱公事，掌司法、刑狱和河梁等事。

汤提点，名发新，字一鸣，号温谷遗老。

汤提點

养浩然之气
发沸腾之声

陶民
TAO MIN

名称	汤瓶
用途	点茶时注入开水
形状	瓷器，壶形，壶嘴削尖，注水有力
使用方法	水放入汤瓶中烧开，点茶时注入建盏中

11. 竺副帅

竺副帅指的是调沸茶汤用的茶筅。

茶筅截竹为之，"竺"与"竹"同音，故以"竺"为姓。茶筅配合汤瓶点茶，用于击拂，故称"副帅"。茶筅于茶盏内击拂，调制茶汤，故名"善调"，字"希点"。

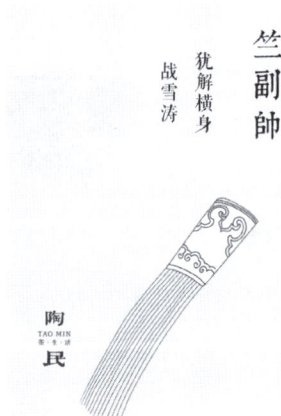

竺副帥

犹解横身
战雪涛

陶民
TAO MIN

竺副帅，名善调，号希点，号雪涛公子。

名称	茶筅
用途	点茶时击拂茶汤
材质	竹制
使用方法	手持茶筅，Z字形快速击打茶汤

《大观茶论·筅》："茶筅以觔竹老者为之，身欲厚重，筅欲疏劲，本欲壮而未必吵，当如剑瘠之状。盖身厚重，则操之有力而易于运用；筅疏劲如剑瘠，则击拂虽过而浮沫不生。"

12. 司职方

司职方指清洁茶具用的茶巾。

茶巾以丝或纱织成，"丝"与"司"同音，故以"司"为姓。职方源于《周礼》之官，是宋代尚书省所属四司之一。"职"谐音"织"，"方"指丝织方巾，故爵以"职方"。因其功能在于拭净茶具，"拭"与"式"同音，故名"成式"。又因其素朴，故字"如素"。茶巾供清洁茶具用，故号"洁斋居士"。

司职方，名成式，字如素，号洁斋居士。

终身涅而不缁

司职方

名称	茶巾
用途	清洁茶具
材质	丝织品
使用方法	擦拭

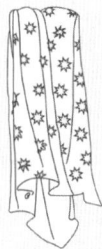

陶民
TAO MIN

第二节　现代点茶常用的器具

现代的点茶用具在宋代点茶用具的基础上进行了精简。由于宋制团茶很难制造，所以现在点茶大多直接使用茶粉。因此，宋代点茶中用于准备茶粉的用具，如茶炉、茶臼、茶碾、茶磨、瓢杓、罗合、茶帚等现在点茶时基本不用，部分茶馆备有以上用具多是用于陈列展示，进行宋代点茶文化的介绍，而非用于点茶。

现代点茶主要使用以下器具：茶炉、茶瓶、茶筅、茶盒、茶盏、盏托、茶巾、茶勺、水盂，还会根据茶会的主题及客人的要求做一些调整。

图4-2 现代点茶常用器具

一、茶盏

宋代饮茶方式，由唐代的煎茶，转为点茶吃茶。宋代点茶、斗茶文化盛行，茶具多采用茶盏。宋代吃茶法中讲究用蒸青的绿茶，黑瓷茶盏则能够让蒸青绿茶发挥最佳效果。

因为宋代点茶、斗茶追求"茶欲白"，建盏作为黑瓷的代表，最能衬托出茶色的白，使茶面色调分明，利于品评，加上釉面呈现出的斑纹具有一定的观赏性，备受文人喜爱，建盏因此从民间使用的茶器成为雅集标配。

不仅如此，建盏胎特别厚，耐高温，导热慢，适合点茶。同时，建盏口大足小，利于击拂、取乳、观赏汤色等，这种结构是专为点茶设计的。盏底深，便于茶筅旋转，利于乳花粥面的形成。盏口大，便于用力环回击拂茶面，使乳沫丰富，沫饽咬盏持久，利于茶人点出一盏合格的茶汤。

茶盏大小的选择应根据茶会人数确定，人多时可选择大盏，在大盏点好茶后再将茶汤分到小盏供人品鉴。

（一）建盏

建盏是茶盏中的代表，属黑瓷。顾名思义，建盏是建窑系窑口烧制的茶盏。考古发掘发现，建窑窑址区域中，有几处窑口建于唐代，在当时以烧制青釉、青白釉、黑釉瓷器为主，所生产的瓷器主要在民间小范围内流通。建窑窑址始设在闽建州府（治所在今福建省南平市建瓯市），所以将其命名为"建窑"。其中一处窑址在今福建省南平市建阳区水吉镇后井村附近（见图4-3），后井村被划入建窑，所烧制的茶盏被称为建盏。

图4-3 福建建阳水吉建窑遗址

建盏斑纹有曜变、油滴、兔毫等，其中以金兔毫、银兔毫为主。兔毫盏是宋代黑釉茶盏中最著名的品种，因其盏身内外皆有状如兔毛的棕色或铁锈色条纹而得名。《大观茶论》提出"盏色贵青黑，玉毫条达者为上，取其焕发茶采色也"，使建盏中的兔毫盏受到文人雅士们的追捧。油滴盏也是建盏的品种之一，因其釉面上有许多大小不一的小圆点，斑纹形似油滴而得名。

建盏的斑纹是在1300摄氏度以上的窑内通过高温烧制而成的，是建盏美的灵魂。由于这类结晶釉在高温中易出现变化，难以控制，而氧化铁含量高的坯体难以承受高温变化，烧制一件外观没有缺陷并具有兔毫或油滴等斑纹的建盏是很困难的，即使运用现代科技手段，其成品概率也非常低。建盏常见的器形和釉色见图4-4、4-5。

图4-4 建盏器型：束口型（图①）；敛口型（图②）；敞口型（图③）；撇口型（图④）

图4-5 建盏釉色：曜变（图①，图②）；银油滴（图③）；乌金釉（图④）；兔毫（图⑤）；柿子红（图⑥）

（二）建盏的制作工艺流程

建盏的制作工艺流程非常复杂，一共包括13道工序。

1.选土、选矿

建盏的釉料、胎土都须有较高的含铁量。建盏的胎土原料主要为福建闽北地区的一种红色黏土（见图4-6），其中的含铁量是非常高的，因此建盏胎体被称为"铁胎"。

古代烧制瓷器的窑址选择主要有几大因素。首先，窑址附近需要有大量制作瓷器的坯体原料和釉料，方便取土取釉。其次，所取胎土原料和釉料的含铁量要达到要求。现今勘探结果表明，福建省后井村方圆12平方公里内，蕴含了大量含铁量在7%~11%之间的南方红壤土，且该红壤土层裸露在地表，取土极为方便。

因为含铁量的原因，胎土和釉料通过高温烧制后能使建盏表面呈现以黑色系为主的斑纹。因铁结晶析晶效果不同，曜变盏、油滴盏、乌金盏、兔毫盏、柿红盏、茶末盏等建盏的斑纹形态也不同。而在其他地方取得的胎土原料和釉料含铁量不足6%，不能通过高温烧制自然析出铁斑纹效果，无法呈现建盏斑纹变化之美。

然而胎土和釉料的高含铁量也导致了建盏烧制的工艺难度大。因坯体不易塑形，容易变形开裂，建盏成品率从古至今都极低，且因釉色控制难度大，工艺特点复杂，所以世上没有完全相同的建盏。宋代其他窑口仿烧建盏，无法做到相同的工艺，最主要的原因之一就是当地开采的原材料含铁量不达标。

2.碎土

将配制好的泥料、釉料装入机碓或者水碓中进行粉碎处理。

3.淘洗过滤

泥料或釉料的粗细程度要适中。泥料过筛后入浆池，釉料则过筛后入釉池。

4.陈腐

陈腐是陶瓷术语，指将泥料放置在不见日光、不通空气的室内，保持一定温度和湿度，储存一段时间。

图4-6 建盏所用原料：建阳南山村黏土（上图）；建阳大梨村耐高温红土（中图）；建阳后井村枕头岭高铁红土（下图）

5. 揉泥练泥

练泥揉泥的目的是进一步去除黏土中的空气和杂质,使泥料致密,湿度均匀,利于成型,同时防止后期制作时泥料干燥、开裂。

6. 制坯

制坯工艺可分为手工拉坯和机械模具压坯。

7. 修坯

传统建盏器形的主流足部形式为浅圈足,圈足的底座部分和内圈都需要以修刀修出。

8. 素烧

素烧的"素"就是未上釉的意思。将未上釉的裸坯以较低的温度预热一遍,能增加坯体的机械强度,也能事先剔除一部分易裂、易碎的素坯。(见图4-7)

9. 配釉

除了泥料外,制作建盏还需要用到釉料。传统建盏釉料采用的是建阳特产的褐红色矿石(见图4-8),该褐红色矿石含有铁、石英、长石等成分。釉料是用褐红色矿石研磨成细粉后,加上矿物发色剂、草木灰等助溶剂,按一定的配方比例制作而成。建盏的斑纹来自釉料,烧制后斑纹由里而外映照出来,三维立体,栩栩如生。

10. 上釉

建盏工艺的一大特点就是施半釉。宋代束口盏会特意修一条止釉线,便于把控施釉范围。上釉不可太薄,薄则结晶生长余地小,难出精品,太厚则容易粘底。(见图4-9)

11. 装窑

宋代以依山而建的长龙窑烧制建盏,装窑时需要以匣体分装。现代多以电窑烧盏,装窑时通常在胎底垫氧化铝粉防粘。

12. 烧窑

建盏烧制时窑内需保持高温并具备良好的还原气氛。电窑本身并不能自动保持还原气氛,需要人工投放松油柴控制。烧制建盏,功夫更多在窑内。如果还原的时机、程度、次数未掌握好,就烧不出想要的釉色。建盏入窑后,师傅必须集中精力,仔细把控还原程度,不能长时间离开窑炉。

图4-7 素烧后的胚体

图4-8 建阳南林村原矿釉

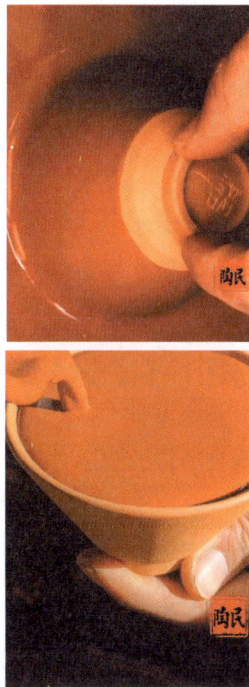

图4-9 施釉

13. 出窑

出窑后，因建盏工艺的种种限制，每窑都会不可避免地产生瑕疵品、次品，须就地处理。

二、其他点茶器具

1. 汤瓶

宋代点茶所用的水壶叫汤瓶，唐时称注子、执壶。（见图4-10）

汤瓶的造型因其用途的不同而有所不同。唐代的汤瓶体形浑圆，嘴粗短，出水快。宋代为了满足点茶控制水量和水流的需要，汤瓶瓶身修长，瓶嘴细长。《大观茶论》中写道："注汤害利，独瓶之口嘴而已。嘴之口差大而宛直，则注汤力紧而不散；嘴之末欲圆小而峻削，则用汤有节而不滴沥。盖汤力紧则发速有节，不滴沥，则茶面不破。"说的就是对点茶用汤瓶的要求。汤瓶嘴要细长，以增加出水的落差，瓶嘴还要小，方便灵活控制水的落点及流速，并能防止滴沥不止。

图4-10 汤瓶

点茶对汤瓶的材质同样有要求。"瓶宜金银"，汤瓶的材质最好是金银的，特别是银器，有净水、软水、抑菌的作用，且不会让水中出现铜铁的金属味。汤瓶的材质随着时代的变化不断更新，银壶、铜壶、铁壶、紫砂壶、砂铫、不锈钢壶、玻璃壶等不同材质的汤瓶层出不穷。

如今点茶时仍然优先选择长颈小嘴、易于控制水流速度的汤瓶，再从美学的角度，选择与茶盏质地、颜色相配，协调统一的汤瓶。

2. 茶筅

茶筅是点茶的必备用具，用于击拂茶汤。茶筅有金、银、铁制，但大部分用竹制。（见图4-11）宋徽宗在《大观茶论》中专门描述过茶筅："茶筅，以劲竹老者为之，身欲厚重，筅欲疏动，本欲壮而末必眇。"

图4-11 茶筅

茶筅对于竹子的要求十分讲究，必须以种植三年的竹子为原料，浙江安吉的竹子就是适合的原料。收割的竹子，经过初加工后，要先放水里煮，再晾晒一个月，最后放在干燥的地方储存2~3年，方可用于制作茶筅。

茶筅大多是纯手工精制，这既能体现茶筅的价值，又能展现匠人对茶的敬重。

4. 茶匙

茶匙用于舀取茶粉，调制茶膏。一匙的茶粉可以在直径为12.5cm的茶盏里点一盏茶。（见图4-12）

图4-12 茶匙

5. 茶罐

茶罐又称茶盒,用于盛放茶粉。

6. 煮茶炉

煮茶炉在茶席中承担烧水的作用,是茶席空间中的重要元素。从古至今,饮茶方式的改变带来了茶器的革新。唐代使用煮水器鍑,明代则出现了更多精美的陶器、银器、锡器煮茶炉。如今常见的煮茶炉有陶泥炉、电炉、酒精炉和金属风炉等,丰富了点茶师的选择。

7. 分茶杯

分茶杯是供客人品饮用的小茶杯。点茶师在茶盏中点好茶后,一般是舀到分茶杯再送给客人品饮。(见图4-13)

图4-13 分茶杯

8. 分茶勺

点茶师点完一盏茶后,使用分茶勺将茶汤分到分茶杯中,待客人品饮。

9. 茶巾

点茶过程中用来清洁茶具,保持桌面干爽。

第五章
点茶之水

　　茶叶中主要有茶多酚类、植物碱、蛋白质、氨基酸、维生素、有机酸、糖类、酶类、色素等各种成分，这些成分能否充分呈现直接取决于水的好坏。中国古人倾情于茶，对泡茶用水也早有研究。唐代开始，随着茶品的增多，以及清饮雅赏之风的盛行，饮茶才对水品有了较高的要求。

　　茶圣陆羽曾提出"水为茶之母"，"其水，用山水上，江水中，井水下"。陆羽讲的"山水"是"拣乳泉、石池漫流者"，是慢慢从石头缝隙里渗透出的山泉水，这种水溶解了一定量的二氧化碳，呈弱酸性。陆羽认为："烹茶于所产处无不佳，盖水土之宜也。"就是说用原产地的水冲泡出来的茶色、香、味最佳。宋徽宗的《大观茶论》把对水的认知提升到了一个新的高度。他认为"水以清、轻、甘、洁为美。轻、甘乃水之自然，独为难得。古人品水，虽曰中泠、惠山为上，然人相云之远近，似不常得。但当取山泉之清洁者。其次，则井水之常汲者为可用。"明代张大复在几百年后附议："茶性必发于水，八分之茶，遇十分之水，茶亦十分矣；八分之水，试十分之茶，茶叶八分耳。"

　　现代科学证明，水中的离子含量越高，对茶的内含物质影响越大。水中的离子含量不仅影响到茶叶香气的释放，而且会影响到茶多酚、儿茶素、氨基酸、糖类等成分的浸出率。因此，没有硬度的纯净水对茶内含物质的干扰最小。

一、点茶之水的要求

1. 活水最佳

　　活水是指水有活性，清澈流动，新鲜甘甜。不流动的水容易滋生细菌。北宋苏东坡《汲江煎茶》诗中的"活水还须活火烹，自临钓石取深清"，宋代唐庚《斗茶记》中的"水不问江井要之贵活"，南宋胡仔《苕溪渔隐丛话》中的"茶非活水，则不能发其鲜馥"，明代顾元庆《茶谱》中的"山水乳泉漫流者为上"，都说明点茶水品，以"活"为贵。

　　位于无污染山区的天然泉水，处于流动状态，经过砂石的自然过滤，比较干净，味道甘美，水质稳定度高，即古人所说的"活水"，非常适合作为泡茶用水。为保持茶汤内含物质的稳定，泡茶的水必须呈微弱酸性或者中性。用活水泡的茶，茶汤鲜醇，滋味饱满。如果不用活水，茶叶中的物质会过快释放,导致茶汤色泽淡薄,口感苦涩。

2. 味道甘甜

北宋重臣蔡襄在《茶录》中认为"水泉不甘,能损茶味",明代田艺蘅在《煮泉小品》中说"味美者曰甘泉,气芬者曰香泉",明代罗廪在《茶解》中主张"梅雨如膏,万物赖以滋养,其味独甘梅后便不堪饮"。宜茶水品在于"甘",只有"甘"才能够出"味"。水的甘甜意味着水中的离子浓度较低,无杂味。水的离子浓度越低,纯净度越高,茶汤就会越甘甜。

3. 水质清澈

唐代陆羽的《茶经·四之器》中所列的漉水囊,就是滤水用的工具,用来使煎茶之水清净。宋代"斗茶",强调茶汤以"白"取胜,更是注重"山泉之清者"。明代熊明遇用石子"养水",目的也在于滤水。宜茶用水,以"清"为本。"清"就是指水体清澈。相对纯净而偏弱酸性的水,是最理想的泡茶用水。

古代的人们没有检测水质的工具,只好凭借感官判断。现在我们可以清楚地了解各种水源的内含物质,在选择时更加主动。根据水源类型进行划分,可以将水分为天然水和人工处理水。根据水的硬度进行划分,可以将水分为硬水、软水和暂时硬水,泡茶时一般选择软水。硬水指每升中镁离子钙含量高于8毫克的水,软水指每升中镁离子钙含量低于8毫克的水,暂时硬水指可通过简单方法(如煮沸)转化成软水的硬水。总体上讲我国北方硬水较多,南方软水较多。天然水中雨水和雪水属于软水,山泉水、江河水、井水属于暂时硬水。人工处理水中的纯净水经过多层过滤后属于软水,自来水、矿泉水通过煮沸能转化成软水,属于暂时硬水。

水的硬度会影响水的甘甜度,影响茶汤的滋味、香气。用硬度高的水泡茶,会导致茶汤中儿茶素的涩味增加,茶氨酸的鲜甜度降低,并降低茶汤的清透度。水中的铁、铝、钙、镁等任何一种离子过量,都会导致茶的香气减弱、滋味苦涩、茶汤寡淡等。尤其是铁离子,对茶汤的影响最大,会导致茶汤变黑。采用硬度低的水泡茶,会大大提高茶的内含物质在水中的溶解度,使茶的香气高扬,茶汤醇厚顺滑。

天然水包括泉水、河水、井水和天落水等,人工处理水有自来水、蒸馏水、无离子水等。各种水所含溶解物质的不同,对茶汤品质有很大影响。天然水中的泉水,尤其是在山上慢慢流出的泉水是泡茶之水的最佳选择。因此,陆羽提出的"山水上"至今仍有道理。田艺蘅在《煮泉小品》中说:"泉不难于清,难于寒。不澄,不寒,则性燥而味必啬。"啬即涩,泉水不寒,就会燥涩,会损茶味和茶韵。古人认为清冽的泉水才是最理想的泡茶之水。泉水透过幽深的地下土层,水温清寒,使水富含二氧化碳,入口清爽,水味新鲜。用这种水泡茶,不但能增大茶的内含物质在水中的溶解度,还能明显增加茶汤的鲜醇度和滋味的厚重程度。

江水由于水质污染情况较为严重,不适合饮用。井水应视情况而论,深层地下水有耐水层的保护，污染少，水质洁净，水味甘美，是泡茶好水；而浅层地下水易被地面水污染，水质较差。用井水泡茶，宜取深井之水。有些井水含盐量高，不宜用于泡茶。

人工处理水可选择纯净水。纯净水采用多层过滤和超滤、反渗透技术，能去除一般的饮用水中的杂质，并使水的酸碱度达到适宜状态。用净度好、透明度高的水泡茶，不仅沏出的茶汤晶莹清澈，而且香气滋味纯正，无异杂味，鲜醇爽口。市面上纯净水品牌很多，只要品质符合国家标准，大多数都适宜泡茶。

对于大多数在城市生活的人们而言，用山泉水来泡茶是一种奢望，因此纯净水是最好的选择。自来水中含氯，不适合直接取用泡茶，如果只有自来水，需除氯和过滤后再使用。将自来水煮沸5分钟，或存放在无盖的容器中静置一天，能有效减少水中的氯气。另外，还可用滤水器过滤自来水，以保证泡茶用水的纯净。

二、点茶之水对水温的要求

点茶对水温的要求最高，最严密。水温过热，不易形成丰富的沫饽，水温过冷，不利激发茶的香气。要点好一盏茶必须先掌握好泡茶的水温。陆羽在《茶经》中曰："其沸，如鱼目，微有声，为一沸。边缘如涌泉连珠，为二沸。腾波鼓浪，为三沸。以上水老，不可食也。"古人用炭火煮水，当水微微有声，水面开始出现鱼眼一样的气泡时，称作一沸；当水像连珠一样涌现时称作二沸；当水面沸腾时，称作三沸。许次纾《茶疏》有云："水一入铫，便须急煮，候有松声，即去盖，以消息其老嫩。蟹眼之后，水有微涛，是为当时。大涛鼎沸，旋至无声，是为过时。过则汤老而香散，决不堪用。"水沸过久，溶解于水中的空气会消散，使茶汤的刺激性减弱，新鲜度降低。

现在的烧水壶可以准确显示水的温度，我们可以在水烧开后将盖打开或稍等片刻，使水温降到合适的温度（95°C左右）。为了点茶时的水温达到最佳，还要保证茶盏的温度，因为如果水温刚好，却注入冷的茶盏中，厚厚的茶盏会将水温降下来，影响点茶效果，故古人点茶有燲盏的步骤，《茶录》中曰："凡欲点茶。先须燲盏令热。冷则茶不浮。"

第二部分

初级点茶师培训

　　初级点茶师需要做好仪容仪表的准备，在标准时间内正确运用非遗点茶十二式点好一杯茶，使其达到相应的品鉴标准，并做好相应的茶间服务工作，最后做好收撤茶席等工作。

第六章
初级点茶师的前期准备工作

第一节　仪容仪表

知识要求：

点茶师着装原则和技巧知识。

点茶师妆容要求。

点茶师形体礼仪基础知识。

点茶师个人卫生知识。

技能要求：

能按照点茶师礼仪要求着装。

能按照点茶师礼仪要求进行妆容的准备。

能按照点茶师要求做好形体准备。

能按照点茶师要求做好个人卫生准备。

点茶师在开始点茶服务之前，需要做好仪容仪表的准备。仪容由发式、面容以及肢体未被服饰遮掩的部位所构成，是个人仪表的基本要素。仪表，也就是人的外表形象，包括仪容、服饰、姿态和风度，是一个人教养、性格内涵的外在表现。点茶师仪容仪表主要包括以下几个方面。

一、着装

点茶师的着装不仅代表了个人的审美，在一定程度上也代表了点茶的文化底蕴和精神内涵。

首先是服装选择的整体要求。针对茶文化"静、清、柔、和"的特点，点茶师的着装应以中式服装为主，材质需轻盈柔软、线条流畅。避免选择过于艳丽、浮夸或烦琐的服装款式，力求整体和谐，呈现出传统文化的沉稳与高雅。颜色应以清淡为主，如浅绿、淡蓝等与茶文化相衬的颜色，表达出清雅风度。

点茶师的上装可选用宋式常服、改良汉服或新中式设计。这些服饰不仅符合茶文化的审美要求，还能展现出点茶师的专业与修养。同时，上装的设计应避免过于暴露或紧身，以保持点茶师得体的仪态。

下装方面，点茶师可选择传统的襦裙或宽松的棉质长裤等。裤装或裙装都应保持整洁、干净，避免出现褶皱或污渍。此外，裤子的长度应适中，不宜过长或过短，裙子的长度则应及膝或稍长，以保持行动的便利和穿搭的美观。

点茶师可以适当地使用一些小巧精致的配饰，如传统的发簪、头巾或手镯等，以增加整体的古典气息和审美价值。同时配饰的选择应避免过于烦琐或夸张，以免影响整体形象的和谐与专业度。

值得注意的是，点茶师的着装在满足以上基础条件之外，还应根据不同场合的要求选择适当的服装，使服饰与点茶师的年龄、形体相协调。同时还要综合考虑茶事活动的主题和目的，选择相匹配的茶服。如雅集茶会，可选择传统服装，或改良汉服；一般茶会，茶服大方舒适即可；主题点茶展演，则要求服饰与主题内涵一致，符合主题时代背景。

二、妆容

点茶师的妆容应以自然、淡雅为主，整体妆容协调、得体。妆容的目的是突出点茶师的气质和修养，而不是掩盖原本的容貌。因此，妆容不应过分追求时尚，而是要展现出点茶师独特的内在气质和修养。同时，妆容的持久性也是需要考虑的因素之一。

点茶师的基础底妆应以自然为主，保持肤色均匀，无须过度修饰。可使用少量粉底或气垫等，使肤色看起来更加自然。

眉毛应以自然为主，适当修剪以修饰脸型并凸显眼部。眼妆应简单得体，淡雅而不夸张。眼影的颜色应以淡雅为主调，睫毛膏、眼线等适量使用即可，不主张使用过多颜色和复杂的设计。

唇妆和腮红是提升气色的关键。点茶师的唇色宜选择自然柔和的色调，如粉色，避免过于鲜艳或夸张的颜色。腮红的使用也应适度，为面部增添一丝自然的红润即可。

值得提醒的是，点茶师应根据点茶服装选择相应的妆容、发型，尤其是传统服装如宋服，女子有对应的面妆、发型和发饰，需正确匹配。如果是现代茶服，则化淡妆，使用浅色唇膏和眼影，头发干净整洁，发型得体，前不遮眉即可。

三、形体

点茶师的形体姿态是仪容仪表中不可或缺的一部分。优雅的形体姿态不仅体现了点茶师专业的素养和修养，还能为顾客带来良好的观感和体验。

站立时，点茶师应保持挺拔、端庄的姿态。双目平视前方，颈部挺直但不可僵硬，腰部保持自然弯曲，双臂自然下垂或轻轻交叠于前，根据具体情况选择合适的站姿位置和面向角度。无论是哪种站姿都要保持平衡和稳定感。

入座后，点茶师上身保持直立并稍向前倾，双目平视或略向下视，腰部放松但不失去端正感，双手交叠放置于茶巾上，或握拳放于茶巾左右两侧，双腿并拢，脚尖朝前，保证重心稳定，保持身体的协调性和稳定性，保持良好的气质和美感。

行走时，点茶师的步伐要平稳有度，手臂自然摆动。在操作茶具或行走至茶桌旁时需保持身姿挺拔。

点茶师在接待客人或进行点茶表演时需注意礼节动作的规范与优雅性，如鞠躬、握手等动作需表现出尊重与诚意。

在点茶过程中，点茶师要善于运用动态与静态的结合来展示点茶茶艺之美，如击拂过程中的手势变化与停顿都需掌握得当，节奏优美。

四、注重卫生

讲究个人卫生、保持衣着整洁是仪表美的最基本要求。男士应注意细节的整洁，如眼部、鼻腔、口腔、胡须、指缝等。女士不留长指甲，给人留下神清气爽的美感。

第二节　点茶备器

知识要求：

　　六大茶类所制茶粉的特点。

　　点茶茶器的名称及用途。

技能要求：

　　能准确辨识六大茶类所制茶粉。

　　能按点茶要求准备好器物并合理摆放。

一、点茶粉

（一）概念区别

　　在漫长的茶文化发展和输出过程中，出现了几个容易混淆的概念：末茶、茶末、抹茶、茶粉。在了解点茶粉的特点前，有必要对这几个词做个区分。

　　末茶是中国唐代的一种茶，后来传入日本，是抹茶的前身。它是一种将茶叶磨成粉末的茶，饮用时将粉末与水一起饮用。末茶在中国宋代非常流行，是当时茶文化的重要组成部分，后来随着茶文化的变迁，末茶在中国逐渐被其他形式的茶所取代。

　　抹茶（Matcha）是一种由特殊工艺制作的绿茶粉末，起源于中国，后传入日本，并发展成日本茶道中的重要元素。它以优质绿茶为原料，经过蒸青、干燥、碾磨等工艺，将茶叶制成极细的粉末。抹茶的特点是粉末细腻，颜色鲜绿，常用于茶道和各种甜品、饮品中。抹茶的粉末非常细，可以达到6000目以上，即2微米级别，而普通的绿茶粉则在100~300目左右。值得一提的是，日本在种植茶树的过程中，利用了遮光技术，降低了茶叶中咖啡碱、儿茶素的含量，提高了蛋白质、氨基酸的含量，所以抹茶苦涩感更淡，鲜爽感更强。

　　在宋代，茶末主要指的是将茶叶研磨成细末后的产品。这一制作方式与宋代的点茶法紧密相关。具体来说，宋人制茶时会先将茶叶蒸熟后榨去茶汁，再研磨成粉末，这种粉末被称为茶末。这种茶末在宋代非常流行，是点茶法中不可或缺的一部分。

　　茶粉是一种更广泛的称呼，可以指任何形式的茶叶粉末，包括抹茶和末茶。鉴于现代社会"茶粉"的意义更宽泛，更容易被现代人接受，故本书将点茶所用粉状茶均称为"点茶粉"。

综合而言，点茶粉是用符合国家食品安全标准的茶叶为原料，经仿古工艺或直接碾磨加工成一定目数的粉状茶。绿茶、白茶、黄茶、乌龙茶、红茶和黑茶均可用来制作茶粉。

若按宋时古法来制作茶粉，即上面的"茶末"，需要经过复杂的过程：首先是拣茶，即对摘下的鲜叶进行分拣。拣过的茶叶再三洗濯干净之后，开始蒸茶。宋人特别讲究蒸茶的火候，既不能蒸不熟，也不能蒸太熟，因为不熟与过熟都会影响点茶时茶汤的颜色。其次是研茶，将蒸过的茶加水研磨至水干，然后再加水研磨，反复加工使茶叶变成粉末状，这个过程称为"研膏"。加水研磨至水干的过程，称为"一水"。接着是造茶，将研好的茶粉放入模具制造茶饼。最后是焙茶，将焙干的茶饼过沸水出色后放入密室，用扇子快速扇动，茶饼会呈现出自然光莹的色泽。点茶时再将茶饼炙烤磨散成粉，点出茶汤。

由于宋时古法复原难度极高，如今多将散茶碾碎，再磨成粉末状，用一定目数的罗筛出更细的粉，用于点茶。

无论哪种茶制出的点茶粉，都可以从以下几个方面去辨别和鉴定。

（二）鉴别标准

1. 色泽

不同茶类的茶叶制成的点茶粉，颜色应与茶叶颜色接近。优质茶叶制成的茶粉，其光泽感也较好，看上去愉悦舒心。如绿茶中的特级碧螺春干茶，色泽柔和鲜亮，银绿隐翠，体现了茶叶的嫩度和新鲜度。用其制成的点茶粉，也颜色鲜亮。因碧螺春茶叶在制作过程中保留了大量的白毫，点茶粉隐翠中泛白。

2. 香气

六大类茶叶的香气类型各异，制成的点茶粉的香气也各不相同，故要辨别点茶粉，除了观色泽外，还可从其香气入手。点茶粉的香气，与其干茶香型基本一致。因此要辨别点茶粉，先要熟悉六大茶类的香气类型。

（1）绿茶：清新自然

绿茶是不发酵茶，原料一般比较嫩，显著特点就是"鲜"。除了"鲜"，绿茶还有豆香、栗香、兰香、清香、嫩香等。绿茶的香气通常清新、鲜爽，带有一丝植物的清香。这是由于在制作过程中，茶叶的氧化程度较低，茶叶的原始风味得到保留。代表品种有西湖龙井、碧螺春等。

（2）白茶：鲜香毫香和陈香

白茶的制作工艺最为自然，不经过杀青和揉捻，因此保留了茶叶的原始风味。白茶分新白茶和老白茶，香气更偏向于自然的植物气息。刚做好的新白茶，能清晰地闻到毫香、花香、草药香。经过陈放的老白茶，会出现细幽内敛的花香、醇厚的草药香和枣香。

（3）乌龙茶：花果香与火香

乌龙茶的香气丰富多变，有花香、果香、蜜香、火香、焦糖香、奶香等。虽然乌龙茶和红茶都有花果香，但是闻起来完全不一样，很容易分辨。乌龙茶在制作过程中，茶叶经历了长时间的晒青、摇青等工序，茶叶中的物质发生了复杂的变化，所以才产生了各种不同的香气。代表品种有铁观音、大红袍等。

（4）红茶：花香、果香、蜜香

红茶在制作过程中，茶叶充分发酵，产生了丰富的香气物质。红茶的香气丰富而浓郁，通常带有一种甜香和花香，常见的香气还有蜜香、果香、松烟香。代表的品种有祁门红茶、正山小种等。

（5）黄茶：清新的微甜熟果香

黄茶是一种非常小众的茶，香气和绿茶相似，都透露着一股清新，不过黄茶偏甜一些，带有一丝微甜和熟果的香气，香气有锅巴香、嫩玉米香。黄茶的制作过程中比绿茶多了一道闷黄的工序，这个工序使茶叶中的部分多酚类物质被氧化，所以产生了和绿茶相似但又不同的清新香气。代表品种有霍山黄芽、君山银针等。

（6）黑茶：浓郁的陈醇香

黑茶的香气通常有一种陈香、醇香，与其他茶类的香气完全不一样，有些黑茶还具有湿地泥土味和其他陈年物质的气味，很容易辨别。黑茶经过长时间的贮存和发酵，茶叶中的物质发生了深刻变化，陈香也会越来越明显。代表品种有普洱茶、六堡茶等。

3. 目数

"目"是一个计量单位，指每平方英寸筛网上的孔眼数量，数字越大，说明孔眼越密。古时点茶时需要用到"罗"这种筛具，用来筛取经茶磨磨过的茶，得到点茶粉。蔡襄在《茶录》中记载："茶罗以绝细为佳。罗底用蜀东川鹅溪画绢之密者。"特意提到要用四川鹅溪织得很细密的绢来做罗。另外，罗面一定要绷紧，罗筛时要多过滤几次。

罗决定了茶粉的细腻程度，能直接影响茶汤质量。单位面积内罗的孔眼数量越多，得到的茶粉越细，更有利于点出高品质的茶汤。《茶谱》中说："茶罗，径五寸，以纱为之。细则茶浮，粗则水浮。"罗孔过密，罗出的茶末就会很细，这些细茶末会漂浮在水面上，能更好地与水交融；而如果罗孔过粗，罗出的茶末就会较粗，这些较粗的茶末则会沉至碗底，不易与水相溶。

点茶师在选择和辨识点茶粉时，需要把握茶罗的目数，300~500目的茶粉即可点出品质较好、品尝起来没有颗粒感的茶汤。

除色泽、香气和目数这些参数外，点茶师还可根据点茶粉的净度和匀整度来判断其质量。此外，还可以根据点茶粉点出的茶汤汤色、香气、滋味以及沫饽的丰厚细腻程度来鉴别点茶粉。

二、点茶器具

初级点茶师要掌握的基本技能是运用适当的器具,点好一盏茶汤,所要用到的基本茶器有以下几种。

1. 建水

建水是一种盛装洗茶水、茶渣等废弃物的茶器,功能相当于茶洗、水盂,是点茶或泡茶时必备茶器,用来保证茶席的清洁干爽和赏心悦目。"建"有倾倒之意。《史记集解》:"瓴,盛水瓶也。居高屋之上而幡瓶水,言其向下之势易也。"《史记·高祖本纪》有"譬犹居高屋之上建瓴水也",即成语"高屋建瓴"的出处。可见,茶器中"建水"即为倾倒水的容器。(见图6-1)

图6-1 建水

点茶是一项审美性强的艺术,即使是用于盛装废水和渣滓的容器,也十分讲究。陆羽在《茶经》中将盛放洗涤茶具后的污水的茶器称为"涤方",为方形器;收集渣滓的称为"滓方",同样为方形器。废水、渣滓分别收集,可谓讲究至极。此外,有些建水还配有镂空的盖子,可通过镂孔将废水、残渣倒入盂内,这种设计把废水等不雅观之物隐藏起来,使茶席更美观优雅。同时,有设计感的镂空盖子也可成为茶席上美的一角,因而,镂空花纹也形式多样,美感十足,非常讲究。

点茶时,点茶师应以娴熟优雅的姿态倾倒废水,点茶完毕后,悄然将建水移至茶席一角。

2. 汤瓶

汤瓶大腹小口,执(把手)与流在瓶腹肩部,且流较峻削,呈弧形,曲度较大,较为符合注汤点茶的需求。汤瓶主要用于向茶盏中注入沸水。(见图6-2、6-3)在点茶时,汤瓶作为注水工具,其使用方法和技巧直接影响着茶汤的质量和美感。注水时需要控制水流的速度和力度,不要让水流过猛或过缓,以确保茶汤均匀混合,达到最佳口感。注水时,应该根据茶盏的大小和形状,以及茶的特性,灵活调整注水的位置和力度,以达到最佳的点茶效果。汤瓶应该具有良好的保温性能,以确保水温不会过快降低,影响茶的味道。同时,汤瓶的材质也应该考虑到是否会对茶叶的味道产生不良影响。

汤瓶修长的瓶身和把手的设计,非常符合点茶的要求。

图6-2 瓜棱腹汤瓶

图6-3 当代改良汤瓶

点茶师需要了解并熟练运用单手或双手执瓶注水,控制水的流量、方向、速度和力度,使茶粉与水完美融合,并保护沫饽。

宋代汤瓶在形制上极为讲究,以满足点茶时对流量、落点的要求。根据《大观茶论》等文献记载和考古发现,宋代汤瓶的形制多种多样,可以根据瓶口、颈部、肩部、腹部的形态划分。

瓶口类型包括敞口型、杯口型、喇叭口型、直口型、盂口型、盘口型、撇口型等。这些不同的瓶口设计有助于控制水流的流量和落点,以达到最佳的点茶效果。

颈部形态包括长直颈、喇叭颈、短直颈、斜直颈、细颈、束颈等。颈部的长度和形状不仅影响美观性,还与水流的顺畅度和稳定性密切相关。

肩部设计包括溜肩、折肩等。肩部的形态有助于稳定汤瓶的重心,使其在使用过程中更加稳固可靠。

腹部形态包括鼓腹、球腹、直腹、瓜棱腹等。腹部的形态不仅影响汤瓶的储水容量,还会影响加热效率和保温性能。

宋代汤瓶通常一侧有曲状长流,部分长流呈八棱状;另一侧有圆柱形或扁条形执柄。长流有助于控制水流的流量和落点,执柄则便于握持和操作。

3. 建盏、盏托

茶盏是点茶核心器具。(见图6-4、6-5)点茶时,茶粉与茶水的美好相遇与如云似雪的美妙变化,都发生在一只茶盏中。即茶粉和水投点于茶盏中,在茶筅的击拂作用下,沫饽丰富的茶汤在茶盏中生成。

图6-4 束口盏、如意云纹盏托

宋代点茶在宋徽宗和蔡襄等文人雅士的引领下,茶汤尚白,盏尚黑。蔡襄在《茶录》里最先提道:"茶色白,宜黑盏,建安所造者绀黑,纹如兔毫,其坯微厚,熁之久热难冷,最为要用。出他处者,或薄或色紫,皆不及也。其青白盏,斗试家自不用。"宋代能烧制黑色茶盏的地方很多,但福建是其最大的生产地,其中建阳的建窑烧制的建盏最符合皇家的标准。江西的吉州窑,北方的耀州窑、定窑、磁州窑等都有生产黑盏,但建盏名气最盛,以致后人将黑釉瓷盏都称之为"建盏"。

图6-5 束口盏、螺钿工艺盏托

福建建阳出产的建盏由含铁量较高的砂质瓷土烧制而成,胎质粗而釉厚,蓄热时间长。铁元素是建盏青黑色外体的主要着色剂,在高温下析出结晶体,使建盏面呈现各种斑纹。当瓷器的烧制温度超过1300摄氏度时,坯胎里的铁元素融入釉中,形成的铁晶体与釉一起向下流淌,形成斑纹。随着温度的细微变化,每只盏会生成不同的斑纹,如兔毫、油滴、曜变等。上好的黑釉盏,不是纯黑,而通常有神秘多变的隐藏斑纹,整只盏因此黑得低调奢华。一盏一样,千盏千样,这是建盏的魅力所在。

此外,与建盏同时使用的通常还有盏托。盏托是承托茶盏之物,可与茶盏看作一体,属辅助之器。奉茶或品饮时会用到有隔热作用的盏托。

4. 茶筅

茶筅用于击拂茶汤。(见图6-6)一般以竹制作,将细竹丝系为一束,加柄制成。点茶时,将丝罗筛出的极细的茶粉放入碗中,注以沸水,同时用茶筅快速搅拌击打茶汤,使之发泡,泡沫浮于汤面。北宋初期使用金属茶匙来点茶,这是最初的调茶器,之后演变成扁形和圆形的竹制茶筅。这种工具虽然看似简单,但在使用时需要讲究技巧。点茶师需十分当心,不要压筅,巧用指腕力,以确保沫饽顺利形成,保证茶汤的质量和口感。

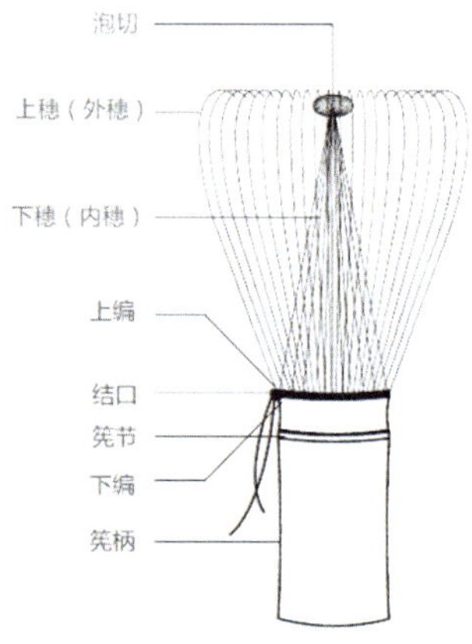

图6-6 茶筅的结构

5. 茶罐

茶罐又称茶盒,用于盛放点茶粉。(见图6-7)茶罐应有较好的密封效果,才不致使点茶粉受潮及氧化。

6. 茶匙、茶架

茶匙用于盛取点茶粉(见图6-8、6-9),茶架用来承托茶匙(见图6-10、6-11)。

图6-7 茶粉罐

图6-8 银质茶勺

图6-9 竹制茶匙

图6-10 木制茶匙架

图6-11 玉制茶匙架

三、茶器布局

（一）布局原则

1. 美学原则

对称，既是一种视觉美感呈现，也是中国的一种传统哲学思想，包含中庸、平衡、公允、稳健等含义。对称也被广泛应用于城市规划、建筑、书法、手工艺等领域。

2. 空间原则

直线摆放各茶具的茶席布局方式，在初级茶席中经常被使用。这样可避免在行茶过程中出现双手或身体跨越茶具的情况。

3. 功能原则

以使用率高的茶器为中心，将使用率较低的茶具放两端。具体呈现为：茶盏是主茶器，居中摆放；茶筅和汤瓶需要多次使用，故靠近中心茶盏，又因依人体工学原理，大多数人右手操作更为习惯和方便，故两者均摆放在茶盏右侧；茶罐、茶勺只取一次茶末，使用频率低，放于茶盏左侧；建水只用来承接熁盏后的废水，摆在最外侧；茶巾用于吸附水渍，可能多次使用，故置于最靠近身体处，方便随时取用。

另外，功能原则还要注意使双手的分工基本均衡。

（二）具体布局

茶席布局见图6-12。

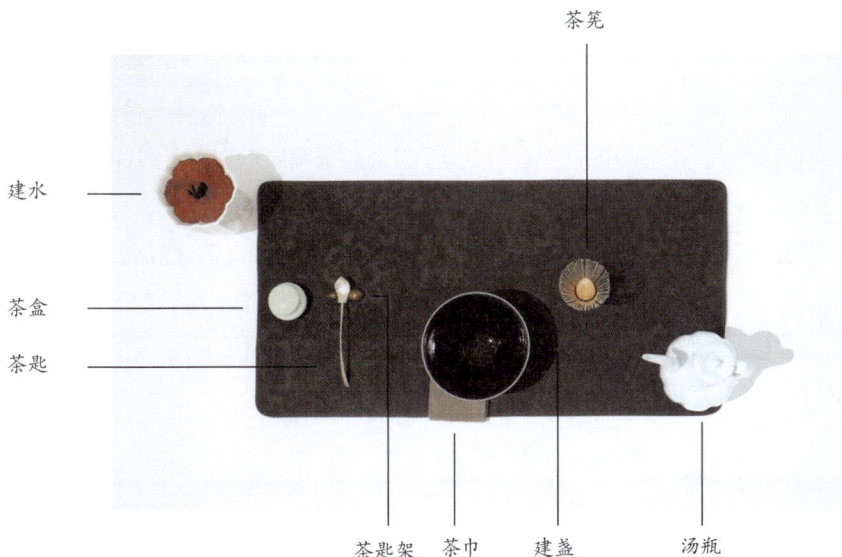

图6-12 现代茶席具体布局

第七章
初级点茶师的茶间操作

知识要求：

　　点茶水温知识。

　　点茶的茶与水比例要求。

　　点茶操作流程：非遗点茶十二式。

　　一盏茶的质量评判标准知识。

技能要求：

　　能根据点茶水温的要求备水、净器、烧水。

　　能按比例调配好茶水比。

　　能运用非遗点茶十二式点出茶汤，操作过程流畅，动作优雅。

　　能鉴定所点茶汤的质量高低。

　　点茶器具准备完毕后，点茶师可着手进行点茶。初级点茶师要求在固定时间内运用"非遗点茶十二式"点出符合品鉴标准的一盏茶汤，5分钟内完成至第九式立乳的核心技法，1分钟完成分茶、请茶、吃茶三个步奏。"非遗点茶十二式"是点茶非遗传承人黄建红女士在多年的实践与研究基础上，探索宋徽宗的"七汤点茶法"创立的现代点茶技法。"点茶十二式"注水五次，程式完整，操作性强，既简化了七汤法的繁复流程，又保证了茶汤品质。本书中初级、中级和高级点茶师技能均采用"非遗点茶十二式"。

一、水温要求

　　点茶用水水质讲究，对水温也有要求。点茶中与水相关的两个步骤是选水和烧水，对应点茶法中的候汤。宋代人们在煮茶的时候尤其注重水的品质，宋徽宗所写的《大观茶论》就明确指出点茶法所用水的标准："水以清、轻、甘、洁为美。"关于烧水，最重要的便是把握水烧开的程度以及烧水的火候，只有在点茶时掌握了适当火候，才能点出足够好的茶。但宋代水是闷在汤瓶中煮的，在煮的过程中看不到水沸腾的状况，火候难以掌握。因此蔡襄在《茶录》中发出了"候汤最难"的感叹。宋代人点茶一般不用铁锅烧水，而用瓷瓶烧水。烧水的瓷瓶是特制的，被称为"砂瓶"。瓷瓶耐高温，可以直接架在炭火上烤。由于瓶壁是不透明的，所以看不见水开，只能听声。听声辨水，是宋代茶艺界的绝活儿。

现代点茶候汤相对简化：选用纯净的山泉水或蒸馏水，用电炉或炭炉烧水至100℃，再注入汤瓶中，静候片刻，待温度降至90℃左右，即可点茶。

二、茶水比例

点茶用的标准茶盏通常为口径12.5厘米，高7.5厘米，容量约为300毫升的建盏。通过实践可知，茶汤量最终约占盏容量的60%，这样的茶汤量比较适合击拂，既不会太少影响激荡，也不会太多溢出盏外。由此可量算出，点茶时总注水量约为110毫升。一盏茶的茶粉用量约为1克（约半茶匙）。茶粉量与分次注水量分配如表。

表7-1 茶粉量与分次注水量

注水顺序	第一次	第二次	第三次	第四次	第五次	总注水量
对应技法	注汤调膏	注汤击拂1	注汤击拂2	注汤拂沫	注汤立乳	
注水量	约2毫升	约50毫升	约25毫升	约15毫升	约15毫升	约110毫升
茶粉量	约1克					

三、操作流程

点茶遵循"非遗点茶十二式"。

扫码观看黄建红
非遗点茶十二式
（坐式）操作视频

第一式: 行礼。

上身直立并稍向前倾, 双目平视或略向下视, 腰部放松, 双腿并拢, 脚尖朝前, 双手交叠放置于茶巾上。表情放松, 面带微笑。坐定后, 微微向前鞠躬行礼, 角度约30度。

第二式: 置筅。

右手握筅柄将茶筅轻置于茶盏中, 筅穗朝下, 筅柄对向点茶师。右手提汤瓶, 左手轻按汤瓶瓶盖, 在筅穗上注水一周, 再垂直上下提落注水一次, 注意保持水流不中断。然后双手握筅柄, 旋转茶筅, 让筅穗充分浸润。这一步可以软化筅穗, 使其柔软富有弹性, 便于接下来更好地击拂点茶。最后取出茶筅, 放归原处。

第三式: 温器。

双手捧起茶盏, 掌心贴盏外壁, 缓缓转动茶盏, 让水沿茶盏束口线绕一周, 目的是让热水充分浸润盏内壁, 使茶盏由内而外温热起来。建盏特有的厚壁可保持茶盏的温度, 进而使沫饽保持时间更久。最后将温过盏的水倾倒至建水。

第四式: 取粉。

左手取茶匙, 递换到右手, 左手再拿起茶粉盒, 双手配合, 取半勺茶粉(约1克)并放置茶盏底部。左手掌心向上, 轻敲右手手腕下方, 抖落茶匙中残留的茶粉, 再将茶匙放回茶匙架上。

第五式: 注汤调膏。

右手提壶, 沿盏壁注水, 水量约2毫升。注意水不宜直接注在茶粉上, 因为这样会扬起茶粉, 影响后续茶粉和水的混合。放下汤瓶, 右手拿茶筅在茶盏底部顺时针搅动水和茶粉, 使之充分调和交融, 形成凝胶状。此时, 水充分渗透进茶粉, 每一颗茶粉颗粒都被水包裹。调膏均匀了, 后面沫饽能更好地形成, 茶性也可以得到更大的发挥。

第六式: 注汤击拂1。

提汤瓶沿盏壁逆时针环绕注水, 水量约50毫升, 占盏容量三分之一左右。用茶笺先搅动茶盏底部茶膏, 随后利用手腕带动手指, 按顺时针画椭圆形, 速度要快, 让茶笺的力量穿透整个茶汤, 发出"哗哗"的搅动声。茶汤面旋即生成白色沫饽。

第七式: 注汤击拂2。

沿茶面注水一周, 水量约25毫升。接下来的动作和第六式相似: 手腕带动手指发力, 按顺时针方向画椭圆形, 让茶粉与水持续碰撞, 充分析出茶粉内含物。随着沫饽的增加, 茶笺阻力增大, 茶汤发出浑厚的"噗噗"声。击拂完毕后, 沫饽颜色更加显白, 厚度增加, 此时沫饽已基本生成。

第八式: 注汤拂沫。

此时虽然沫饽已很丰富, 但还不够细腻, 所以接下来要拂沫。在茶面上注少量的水, 水量约15毫升。将笺穗的一半放入茶汤, 立直茶笺, 不拘路线和方向, 前后左右轻拂大小不一的沫饽, 直至茶面的沫饽均匀细腻绵密。注意此时不要再激烈搅荡茶笺, 以免又激发出大的气泡, 破坏茶面的美感。

第九式: 注汤立乳。

这一步用来检验沫饽是否够厚。定点注水, 水量约15毫升, 慢慢从茶盏底部提起茶笺抓取沫饽, 顺势提拉出一个乳峰状突起, 形成小山峰或小山尖, 盏中有如山水生成。至此, 一盏好茶便点成了。

第十式: 分茶汤。

用茶勺将点好的茶汤分到小盏当中, 通常一盏茶能分为三小盏。

第十一式: 请茶。

把分好的茶放在盏托上, 双手端给客人。

第十二式: 吃茶。

双手捧起盏托, 再右手取小盏, 分三口品鉴。

点茶过程中的茶汤状态如下:

调膏后茶水融合成凝胶状

第一次击拂后的茶汤

第二次击拂后的茶汤

拂沫后的茶汤

立乳后的茶汤

四、质量标准

评判一盏茶汤的质量高低，通常从以下几个方面着手。

（一）沫饽质量

1. 颜色

茶色之美，在于茶汤。宋代推崇白色，《茶录》"汤色贵白"的结论，引领整个宋代对茶的美学观念。成功的点茶，其茶汤上面的沫饽颜色以纯白为最好，奶白次之，黄白再次之。白中泛青或泛黑，则表明此种茶粉不适合点茶，或者茶粉品质不佳。若其他条件合适，茶汤颜色仍未达预期，则可能是点茶手法不得当，没能使茶粉出现该有的沫饽颜色。

2. 丰厚程度

上好的点茶，点出的茶汤应沫饽丰富，但也不是无节制地制造大量沫饽，使沫饽看上去无形无状，散乱无章。需沫饽要"适中"，虽厚但气泡大或太薄都会影响口感。"结浚霭，结凝雪"是沫饽最佳的状态。浚霭指山间凝聚的雾气，凝雪指雪后未经踩踏的雪地。两者都聚而不乱，凝而不重，有厚度但轻盈。这一标准，跳出茶本身，拓宽至自然万物，蕴含着极致的审美高度。

3. 细腻度

此外，沫饽的细腻度也是评判点茶质量的标准之一。沫饽中直径小的气泡更容易保持稳定，不易破碎，细腻的沫饽口感软绵。注汤击拂生成沫饽，注汤拂沫则很大程度上决定了沫饽的细腻度。点茶师应多加强练习，使点茶的各个技法过关，并环环相扣，点出高品质的好茶。

（二）水痕出现的时间

茶粉内所含的蛋白质、茶皂素、果胶等物质，以及击拂的手法决定了沫饽的稳定状态。沫饽越稳定，"咬盏"越持久，水痕出现得越晚，茶汤的质量越高。高品质的茶汤，沫饽丰富，远远看去，像乳雾汹涌而起，似乎要溢盏而出，此时即使旋转茶盏，沫饽也不会随之转动，就像是"咬"住了盏壁。

（三）滋味的丰富程度

制作点茶所用茶粉的茶叶通常用芽头或一芽一叶、一芽二叶的鲜叶制成，因此茶粉点出的茶汤必然带有嫩茶特有的鲜爽滋味。同时，茶汤滋味还受点茶手法、水质水温等因素影响而有所不同，这些因素把握精准则茶汤滋味层次丰富，有回甘，香气饱满。若点茶技法不当，则不能充分激发出茶粉滋味。因而点茶师应重点把握调膏、击拂的技法和手法，多加练习。

第八章
初级点茶师的后期工作

知识要求：

点茶茶器具的清洁保养知识。

茶粉的保存知识。

茶盏的制作工艺与保养知识。

茶筅的正确使用和保养知识。

技能要求：

能正确清洁和保养各种茶器具。

能正确保存各类茶粉。

点茶品鉴完毕后，点茶师要及时收掉客人使用过的茶器具，进行清洁冲洗，擦拭干净后，将茶器具放置在对应的摆放区域，归类完成。整理清洁操作台，保证茶艺桌的干净整洁。点茶师的后期工作重点是对茶器具的清洁和保养，包括茶盏、茶筅、汤瓶等。

一、建盏的清洁和保养

点茶茶器中，建盏的制作工艺非常特殊，对温度和湿度有较高的要求，上釉的建盏经过高温烧制后呈现出油滴、兔毫等精美的斑纹，需要正确养护和清理，才不会影响建盏的美观和实用。

首先，清洗建盏。在使用建盏后，应立即进行清洗。可以使用温水，用软布或海绵轻轻擦洗。切记避免使用硬质刷子或金属丝球，防止釉面被刮伤。清洗完成后，用清水将建盏冲洗干净，并用软布吸干水分。

其次，避免建盏遇到剧烈温差变化。建盏虽然耐热，但是在使用过程中应避免遇到剧烈的温度变化，造成建盏开裂。不要将热的建盏直接放在冷硬的表面上，或将其从高温环境中迅速转移到低温环境中。

再次，将建盏存放至合适的环境。建盏在未使用时，应存放在干燥、通风良好的地方。避免阳光直射和潮湿，因为这些都可能对建盏的釉面造成损害。此外，最好将建盏单独存放，避免与其他硬物摩擦或碰撞。

与此同时，小心保养建盏釉面。建盏的釉面是其艺术表现的核心，因此需要特别小心保护。在日常使用中，避免用力撞击或重压建盏，使釉面出现裂纹或剥落。同时，不要用锋利的物体刻画建盏，保持建盏原始的纹理和色泽。

最后，定期检查建盏。即使是不常使用的建盏，也应定期进行检查。观察是否有裂纹、斑点或其他损伤的迹象。如果发现问题，应及时采取修复措施或咨询专业人士的意见。

除此之外，还要传承建盏背后的文化。除了物理层面的养护，了解和传承建盏背后的文化意义也是养护的一部分。点茶师通过学习建盏的历史和制作工艺，可以更加珍惜手中的每一件作品，从而更加用心地对其进行保养。

正确地养护建盏不仅仅是对一件物品的维护，更是对传统工艺和文化的尊重。通过细心清洗、妥善存放、温和保养以及定期检查，建盏可以长久地保持其古朴的韵味和艺术价值。

二、茶筅的清洁和保养

茶筅作为一种传统的点茶工具，不仅在中国点茶文化中占据重要地位，在日本的茶道中也非常重要。无论是进行点茶还是制作抹茶，茶筅都是不可或缺的工具。因此，正确的清洁和保养方法对于保持茶筅的性能和延长使用寿命至关重要。

1. 茶筅的清洁方法

首先，盆中准备清水，用点茶时的击拂动作，在清水中将茶筅前后快速刷打数回，把沾染的茶渍洗掉。

其次，在流动的自来水上冲洗茶筅，边冲边用大拇指和食指将外穗和内穗的茶渍逐一捋下来。然后再一次在清水中快速刷打茶筅，进一步清洗茶渍。

接下来，将茶筅塑形。将外穗调整成圆形，内穗向中间拧紧，泡切聚拢，恢复原有的形状。

最后，擦拭茶筅的水渍，将其放在茶筅立上或倒立晾干。

2. 茶筅的保养方法

传统的竹制茶筅不可暴晒，不能烘烤，也不建议长时间浸泡在水中。清洗后将茶筅放置于通风处自然晾干或在柔和的阳光下小晒，再收纳起来即可。如果要把茶筅从茶筅立上取下收纳，则需等茶筅在茶筅立上差不多定型后，取下来再风干一段时间，如此湿气才不会聚集在内穗中心。如果茶筅未完全干就收纳起来，会有发霉的可能。如遇到茶筅长霉斑，则不建议继续使用。茶筅和茶盏一样，妥善使用和爱护可以延长其使用时间。

三、其他茶器具的清洁和养护

1. 汤瓶

宋代点茶过程中，汤瓶作为一种重要的茶具，其材质和设计都体现了当时的高雅文化和对饮茶仪式的重视。宋徽宗在《大观茶论·瓶》中对汤瓶的形制与注汤点茶的关系做了进一步的阐述，提到"瓶宜金银，大小之制，惟所裁给"。这表明在宋代，汤瓶的材质以金银为主，这不仅因为贵重的金银象征着饮茶者的社会地位，还因为金银的导热性良好，能够更好地控制注汤的温度，从而影响到茶的口感和质量。宋代民间多用瓷质汤瓶，以青白瓷居多。现代点茶中，汤瓶主要用于储水和注水，不需要用来烧水，所以大多采用瓷质汤瓶。

瓷质汤瓶用清水冲刷即可，重点是冲水后注意沥干水分，防止汤瓶内部出现水垢。如果汤瓶沾染了顽固之物，注意用中性清洁剂进行清洗，以免破坏瓶身釉面。

2. 银质茶器具

银质茶器具有文化价值和实用价值。宋代点茶盛行于帝王官宦和文人之间，是尊贵和格调的象征，彼时茶器具多用金、银制成，如茶碾、汤瓶、茶匙、分茶勺等。现代点茶也有银质器具，如茶匙和分茶勺等。除了向点茶的高品格看齐外，现代人更看重银质器具的实际价值，如银质茶器有消毒抑菌、净化水质等作用。对这一类茶器具的清洁和保养，则有特殊流程和要求。

第一步，准备工具。在开始清洗之前，准备好所需的工具，包括洗碗布、海绵、醋、水、软毛刷、银器抛光布等。

第二步，浸泡银器。将银器放入一个深容器中，然后加入适量的水。在水中加入一勺醋并搅拌均匀。醋可以去除污渍，清洁银器。

第三步，清洗银器。使用海绵或洗碗布轻轻擦拭银器表面。注意不要使用粗糙的布料或钢丝球，这可能会刮伤银器表面。擦拭时顺着同一个方向，避免来回擦拭，刮伤银器。

第四步，清洗银器的纹饰。如果银器有复杂的雕刻或花纹，需要使用软毛刷轻轻刷洗纹饰，确保刷洗干净每一个缝隙和细节。

第五步，冲洗和漂洗。用清水冲洗掉银器表面的醋和污渍。然后将其放入一个干净的容器中，加入适量的水，再加入一勺醋。重复浸泡和冲洗的过程，直到银器表面干净为止。

第六步，干燥银器。将清洗干净的银器放在干净的毛巾上，用布料轻轻擦干。避免使用热风枪或吹风机直接吹干，这可能会使银器变形。

第七步，储存银器。在储存银器之前，确保其已经完全干燥。将银器存放在干燥的地方，避第八步，定期清洁。为了保持银器的光泽并延长使用寿命，建议定期清洁。至少每季度清洁一次，或者在每次使用后及时清洁。

清洁和保养银器具时要注意以下事项：在清洁过程中要小心，不要刮伤银器表面；不要使用含有氯或漂白剂的清洁剂，这可能会腐蚀银器表面；如果银器有特殊设计或雕刻，需要特别小心地清洁；如果银器已经变色或有其他问题，最好将其交给专业的银匠进行处理。

四、茶粉的贮存和收藏

茶粉由于其细小的粒径和较大的表面积，具有较高的吸湿性，因此妥善的贮存对于保持茶粉的品质至关重要。

为了防止茶粉吸湿结块和加速劣变，包装应采用不透光及防湿的材料，如铝箔积层袋，以减少光线和湿气对茶粉的影响。

此外，由于茶粉的氧化问题，最好在包装袋内放入脱氧剂，进一步防止茶粉氧化变质。

最后，为了延缓茶粉在贮藏期间的劣变速率，可利用低温冷藏保存。这样的贮存方法，可以保持茶粉的新鲜度和品质，从而确保其风味和色泽的稳定。

第三部分
中级点茶师培训

　　中级点茶师需要在茶会举办前完成个人的仪容仪表的准备,知晓茶会接待的标准和礼仪,熟悉点茶会的流程,能够根据茶会的接待要求合理装饰茶席,选择和摆放好茶具。在熟练完成点茶操作流程的同时向客人介绍点茶用的茶品、茶具和每一步骤的名称、操作要点。中级点茶师要做好茶间服务工作,能向客人推介茶饮,并搭配合适的茶点,在接待过程中与客人有良好的互动。最后完成收撤茶席等工作。

第九章
中级点茶师的准备工作

第一节　茶会准备

知识要求：

　　宋代茶礼、现代茶会礼仪知识。

　　茶会的类型。

　　各种小型茶会活动的服务流程知识。

技能要求：

　　能够根据茶会的要求安排好服务流程。

　　能够根据茶会的要求接待顾客。

　　茶会在两晋南北朝出现萌芽，到唐代开始兴起，那时的茶会是文人雅士的一种集会形式，主角多是诗人文士，而后僧人也逐渐成为茶会的主角，常在寺庙内举行茶会。文人和僧人常一起品香、品茗、赋诗，并以此为清雅之举。到了宋代，茶会形式更为多样，如斗茶会、寺院茶会等，茶会内容也拓展至品茶、赏景、吟诗、书画等雅集项目。

　　现代茶会是一个很好的社交场所，主客之间以点茶为媒介，迅速找到共同话题，在点茶、品鉴过程中形成共鸣，建立关系纽带。现代茶会的形式和功能丰富多样，既有满足茶人共同喜好的小型雅集茶会，也有企业间为联络客户和促进关系的商务茶会，还有为茶企推介和销售茶产品的展览会、茶博会等。随着茶文化普及，饮茶已从文人雅士的专属消遣，成为大众日常生活的一部分。

一、茶会的种类

（一）按茶会的形式划分

1. 茶席式

茶席式是最为简单的茶会形式，是在家里或户外设置茶席招待客人，一般适合人数不多的小型茶会。茶席是茶会的核心，由主理人或专门的点茶师为客人点茶。

2. 宴会式

为了庆祝有意义的事情或招待来宾而举办的大型茶会。它可以设置许多茶席，每个茶席冲泡不同的茶，也可以只设置一个总茶席，统一供应各种茶水，为"统一供茶式"。

3. 流觞式

这是由"曲水流觞"演变而来的一种茶会形式。大家坐在曲水两侧，其中一组人员集中于上游泡茶，将泡好的茶放在可以漂浮在水面的茶盘上，茶盏顺流而下供客人自由取用。

4. 环列式

这是一种大家围坐泡茶的茶会形式，参加人员多为茶文化爱好者，无主客之分，参加者自备茶具，大家席地而坐，各自泡茶，泡法随意，可自由交流。

5. 礼仪式

还有一些茶会有特定主题，有标准化的仪式，来表达特定的意义。

（二）按茶会的目的或功能划分

1. 雅集茶会

以文化或情感交流为目的的茶会，其规模可从几人到几十人，是城市文人雅士、爱茶人士聚集在一起，以茶为载体，进行文化或情感交流的活动。茶会内容丰富多样，除品茶以外，还可以增加其他大家共同感兴趣的主题，如作画、焚香、赏花、鉴茶等。因其形式自由，文化氛围浓厚，气氛轻松，参加者因茶结缘，很容易相互熟悉，所以成为近些年非常受欢迎的社交活动形式。

2. 商务茶会

以联络客户感情、推介或销售商品为目的的茶会，如新茶品鉴茶会、春茶推介会等。这是茶企或机构为推广自己新上市的产品而举行的品鉴会或展览会，目的是寻找新的客户，提升茶产品的知名度和销售量。大规模品鉴会可由茶协会、地方政府或民间组织主办，参加的茶企数量众多。小规模的品鉴会则由某一茶企或代理商组织，邀请主要客户参与。商务茶会现场会展示新产品，并由点茶师冲泡新上市的茶品供客人品鉴。如果参加企业众多，还会在茶会上举办茶品竞赛。

图9-1 各类茶会：宴会式茶会（图①）；雅集茶会（图②）；商务茶会（图③、图④）

3. 茶事活动

一般是由政府或民间组织主办的较大型的茶文化相关活动，可以是区域的，也可以是跨国的，如茶叶博览会、中秋赏茶会、斗茶赛等。

二、茶会的筹备

中级点茶师必须能够完成小型茶会的组织策划和流程设计，如雅集茶会，小型的商务茶会等。雅集茶会的参加者基本是茶爱好者，茶会活动围绕茶相关的内容进行，如茶艺展示、斗茶、茶品鉴、茶知识分享等，同时也可增加其他与茶文化相关的活动，如插花、挂画、焚香、抚琴等。为了让茶会活动有声有色，让参与者尽兴而归，组织者需要提前做好活动的流程设计。

第一步，确定茶会主题。

茶会的组织者需要先确定茶会的主题，此后才能围绕此主题开展余下的组织筹备工作。主题要有创意，有美感，又要简单明了，让参加者一目了然，如"宋风茶韵""中秋雅集"等主题，让人一看就明白茶会的内容、风格，便于做好出席的准备。

第二步，邀请茶会宾客。

茶会的组织准备工作一定是在明确其参加者的身份、数量和接待规格的基础上进行的。主题确定后，须立即着手列出茶会嘉宾的名单。如果是一般茶友参加，茶席、座位的安排可以较为随意；如果有重要客户或领导参加，在接待规格、流程、座位等方面则要有细致周到的考虑。茶会宾客名单确定后，可先行制作纸质及电子邀请函，同时制作回复函，以确保提前确定参加茶会的宾客名单。

第三步，选择茶会场地与布置现场。

首先需要根据参加人数选择茶会场地，10人以下的雅集茶会需要30平方米左右的空间。茶会空间并非越大越好，空间过大显得空旷，不利于现场宾客互动交流，容易让气氛显得冷清。

其次需要确定茶会的形式，选择茶席式、宴会式、流觞式、环列式、礼仪式中的一种。规模小的茶会建议选择茶席式，设置主茶台，如条件允许，可为每位宾客设置分茶台，便于大家参与体验活跃现场气氛。如参加人数太多，无法保证每位宾客有固定的点茶位，则可根据场地面积设置部分分茶台，供宾客轮流体验。（见图9-2）

图9-2 茶会场地布置

第四步，选择茶品。

茶会活动中茶是主角，要根据茶会举办的时节、与会者的情况、茶会的主题等选择合适的茶品，根据茶会时间和参与人数决定茶的种类和数量。

根据茶会的时节选择：茶会举办的时间不同，茶品也会不同。在春天春茶上市时，可以选择绿茶或花茶，也可以选择当地有特色的茶品；夏天可以选择乌龙茶或新鲜的白茶；秋冬可以选择红茶、黑茶、老白茶。

根据宾客情况选择：茶会的参加者虽然一般都是茶的爱好者，但是考虑到性别、年龄、地域等情况，茶的选择应该有所不同。男性参加者为主的，可以选择香气较重或茶汤浓厚的茶，如乌龙或黑茶；女性参加者为主的，可选择清淡、甜醇的茶，如白茶、红茶等。宾客来源地不同，茶的选择也要调整。北方的客人偏好绿茶、花茶，南方的客人更喜欢乌龙茶、红茶。来自茶区的客人则应优先选择其家乡的茶，如福建的客人优选岩茶、白茶，潮汕的客人优选单枞等。如果客人背景较为多样，茶的种类可以多样化，选择3~5种茶品。

根据茶会主题选择：如果是以宋代点茶文化交流为主题，选择白茶较好。虽然现代白茶和宋代的白茶已非同一种，但是从浮沫尚白，细腻丰富这一角度而言，白茶是较契合的。

第五步，确定茶品数量和点茶顺序。

根据茶会时间的长短选择不同种类的茶品。一个小型的雅集茶会，茶会时间在2~3小时，一般可以选择3~5款茶粉供客人点茶品鉴，可根据香气或滋味的轻到重，年份的新到老设计点茶顺序，让客人在点茶时感受到茶的变化。

点茶强调人与人之间的互动和情感交流,点茶师和客人建立起一种信任和亲近的关系,通过点茶,大家也可以更好地了解彼此的兴趣和爱好。点茶时,点茶师会与客人聊天,询问客人的近况及客人对茶的喜好。在点茶师不断地调整和改进下,客人可以品尝到最适合自己口味的茶,从而更好地体验到茶文化的魅力。此外,点茶艺术还强调通过符合季节的环境和装饰,突显茶的滋味和融洽和谐的点茶氛围,提升客人的自在体验。

第六步,安排茶会人员。

小型茶会参加的人数从几个人到几十人不等,一般不超过50人,组织者应该注意接待和服务人员的安排。雅集茶会,参加者大多相互认识,茶会气氛轻松,可根据参加人数灵活安排现场服务的人员。

一般20人以下的雅集茶会,除组织者或点茶师外,现场安排1~2名助手即可,1人负责迎宾接待,1人负责现场物料准备和服务。20~35人的雅集茶会,可安排3~4名助手。35~50人的雅集茶会,可安排5~6名助手。

如果是商务茶会,可在以上的人员数量的基础上适当增加。

第二节　茶席设计

知识要求:

　　宋代茶席的形成及构成。
　　现代茶席的种类及摆放设计要求。

技能要求:

　　能够根据茶会的接待要求选择和摆放好茶具。
　　能够合理装饰茶席,使整体和谐美观,给客人留下美好的印象。

茶席是指以茶为主体,由茶具、桌面、装饰物等不同的因素结合而成的有独立主题的茶道艺术组合整体,泛指习茶、饮茶的桌席、场所等。它以茶的表达为目的,以茶器为载体,并与其他形式的器物和艺术相结合,展现某种茶事功能或表达某个主题。

古代文人们认为茶性清淡，自然协调，品格高尚，独具风味。他们宣扬着茶道精神，将饮茶这一行为从普通的物质生活上升到精神文化境界，举办茶会便是文人独具特色的雅士茶礼的体现。唐代诗人刘长卿在《惠福寺与陈留诸官茶会》中写的"香飘诸天外，日隐双林西"，向时人展示了茶会的欢愉。

茶席上的美始终是一种淡淡的美，文艺静雅的美，让人的感官在获得这份美时，受到最低限度的刺激，得到最轻缓的愉悦享受。因此这就要求演绎者的所有行为始终围绕着茶席上的要求展开，将自身变成茶席设计中最具水平、深度、广度、意境、思考的表达者。

一、茶席形成的历史

唐代，饮茶风气在上流社会开始普及，真正意义上的茶席出现。陆羽的《茶经》把唐人从茶的药用、羹饮时代，带入了品茶清饮的新境界。在茶具方面，他提出了"青瓷益茶"的理念，规范了茶席的形制，如"若座客数至五，行三碗；至七，行五碗"。此时，中国的茶礼、茶道开始形成。得益于大唐盛世，万国来朝，诗人辈出，许多文人雅士对茶文化开始悟道与升华。饮茶环境和茶席的背景，已经开始注重竹林、松下、名山、清涧等宜茶的幽境。喝茶品茗成为文人雅士、寺院僧侣和皇室君臣的风雅之事，饮茶环境也就随之讲究了起来。

茶席到宋代得到进一步的发展，宋人会把一些艺术品摆在茶席上，而插花、焚香、挂画与茶一起被合称为"四艺"。四艺沉静内敛，让茶席有了艺术性。挂画后来改为诗、词、字、画的卷轴。宋代茶具多采用茶盏，黑釉茶盏的烧制技术在宋代得到了极大的发展。茶和茶器互相烘托，像一场舞台设计。当时的茶席设计已经使茶饮活动更贴合茶的自然属性，具有一定的艺术境界。茶席在精益求精的阶段达到了发展的顶峰，承载着历史、文化与艺术的多重内涵，布局和陈列逐渐有了基本的构成内容。

宋人在不同的饮茶情境下，对茶席有不同的要求。一般有三种场景：一是日常居家饮茶，二是在茶坊茶肆等公共场所饮茶，三是文人士大夫的雅集饮茶。欧阳修在《尝新茶呈圣俞》中的"泉甘器洁天色好，坐中拣择客亦嘉"，明确了文人茶会的理想环境是好茶、好水、洁器、静室、美景，加上相谈甚欢的客人。

宋代点茶器物讲究精致，不仅在制作工艺上严格把关，而且在选材上也很考究，以瓷器为主。在器形上，宋代点茶器多采用流线型的设计，造型优美、简洁，且体现出艺术美感。

在好友相聚品茗时，组织者会预先布置好饮茶的环境，讲究的会用插花、挂画等装点氛围，打造优雅的品茗环境，还会焚香抚琴、吟诗作画以示风雅。最理想的品茗地点是林下园中，文人们抚琴读画，啜茶观书，焚香赏石，侍花插花，充分展示宋代生活艺术的高雅情趣。

二、茶席分类

茶席设计是以茶为主，根据一定的主题、目的和要求，事先制订方案，经过精心设计营造出品茗环境的过程。茶席设计根据内容的不同，大致可分为静态茶席和动态茶席两种设计形式。

静态茶席设计一般用于展现企业文化和企业内涵，通常设在会议室、办公室等较明显的位置，或在商业门店的橱窗内作为装饰。漂亮的茶具往往会被摆放在长几或方桌最主要的位置，配上一个香炉或一盆插花，以及字画等饰品，简单的设计传递出传统文化的高雅气息，具有一定的观赏性，以求使客户心情愉悦，从而增加其购买欲或合作意愿。而动态的茶席设计往往用于展示茶艺或品茗，因此不仅要展现视觉美，更要讲究实用性。

茶席设计需要符合人们的审美情趣，在茶事活动中的茶艺展示交流中，通过精心设计、营造主题氛围，用心挑选精美茶具，选择合适的茶席饰品、席垫、挂画、屏风等，并在特定空间内确定茶桌、茶具、插花等器物的陈设布局，在确保实用性的同时，打造既包含艺术气息，又充满茶艺活力的品茗环境。

三、茶席设计的原则

现代的茶席可谓不拘一格，百花齐放。丰富多彩的现代文化及人们对不同生活方式的追求，让每个人对茶席设计的理解和感悟不同，茶席风格因此多姿多彩。虽然现代茶席风格多样，但还是需要遵守基本的设计原则，即风格完整、主题鲜明、色调统一。

点茶茶席的设计必须建立在美学基础上。宋代美学达到巅峰，在宋徽宗的引领下，文人雅士们不断提高对茶文化的美学要求。因此，我们在学习宋代点茶时，如果想呈现宋代点茶的雅致，点茶师和爱好者必须学习和提高自己的审美水平，在茶器的选择搭配、茶席的摆放设计、点茶师妆容动作等方面都需要有整体的设计和考虑，以满足点茶现场合理的空间设计及和谐的色彩搭配，创造出一个舒适优雅的环境。茶席的布置要主题先行，确定主题后，再陆续选择相应的茶席元素。

点茶茶席不单是一张茶桌上器具的陈列，更是一个独立的艺术表达，一个人、茶、器、物、境的美学空间。点茶和品茶时人们进入了一种特定的氛围，能够静下心来品茶，在茶与人、人与世界中感悟生命。

四、茶席的构成

陆羽说过，"茶，最宜精行俭德之人。"一款茶席的布置，要简洁朴素而有气韵，实用且美观。一旦确定茶席主题，就要开始寻找相应的茶器，这些茶器作为茶席的组成部分，还具备精神追求和审美情趣，蕴藏着更多更深层次的文化内涵。所以布置好一个茶席，不仅需要丰富的点茶经验，更要懂得每件器物背后的故事。

1. 茶具

茶具是茶席设计的基础，也是茶席主要构成元素，兼具实用性和艺术性。它的质地、造型、体积、色彩、内涵等，使其在整个茶席布局中处于最显著的位置。汤瓶、茶筅、茶盒、茶盏、盏托、茶巾、茶勺、水盂等是现代点茶茶席上必备的茶具用品，与茶桌、席垫、背景（屏风）、插花、茶点等，构成完整的茶席。

茶具的摆放位置如下：

茶盏居中心位置。茶盏是点茶过程中的核心茶具，放在点茶师正中，距离桌边约30厘米的位置（点茶师可按自己的习惯调整）。

茶筅居于茶盏右边。茶筅是点茶师的主要用具，一般用右手操作，所以放在右边。汤瓶放在茶筅右边，便于右手持瓶注水。

茶匙、茶盒在茶盏左边，与茶筅在一直线上。

水盂居于席垫的左上角。

2. 茶席背景

茶席背景可以使用传统的中式屏风或者背景墙，使人的视觉空间和视觉距离相对集中稳定，具有一定的指向性。特别是在面积较大的茶室，如果没有背景，观赏视线缺乏落点，会导致茶席的方位布局、比例关系等设计要素失去了应有的美感与意境，也使观赏者不能准确获得茶席主题所传递的思想内容。

茶席的屏风或者背景墙可以选用雅致的山水画、传统的人物故事场景等。茶席背景要求风格典雅，色泽不过分艳丽，视觉效果安静沉稳，以展现茶席整体的布置为主。

3. 席面

席面的设计通常奠定了整个茶席的主基调，布置时常用到丝、绸、缎、葛、竹草编织垫和布艺垫等，或荷叶、沙石、落英等取法于自然的材料。也有不加铺垫，直接利用特殊台面肌理的席面，如拙趣的原木台、高贵的红木台等。

4. 席垫

席垫指的是茶席整体或器物下的铺垫物。大多以麻布、棉布、丝织品、竹草编织品等材质为宜，这些席垫贴近自然，触感舒适，摩擦力均匀，使用简单，不抢眼，但足以突显茶席区域，并融入茶席背景。选择席垫时，要注意颜色与茶具的搭配，符合整个茶席环境的风格。

席垫的作用有以下两点：第一，使茶席中的器物不直接接触桌面或地面，以更好地保持器物清洁；第二，辅助完成茶席整体设计的主题需求，使茶席更具美感。

5. 光线

好的茶席设计中，光线可以满足人对空间、色彩、质感、造型等方面的视觉要求。茶席上的光线不仅仅局限于照明之用，还应具有协调、烘托茶席气氛的特点，以提升茶席格调和品位为方向。

所以，茶席上的灯光应当是柔和的、恬静的、温馨的、不过分刺激的，始终贯穿茶席的中心色调，更好地烘托渲染气氛。其色调也需要符合季节、天气、茶席要求，以及主人心情等变化，让眼睛舒服，心情舒缓放松。

6. 茶席中的插花

插花，指以自然界的鲜花、叶草为材料，通过艺术加工，在不同的线条和造型变化中，融入一定的思想和情感而完成的花卉的再造形象。（见图9-3）所插的花材或枝、或花、或叶，均不带根。插花需要根据一定的构思来选材，遵循一定的创作原则，打造出一个优美的形体或造型。插花能表达一种主题，传递一种感情和情趣，使人赏心悦目，获得精神上的美感和愉快。

茶席中的插花不同于一般家庭或经营场所装饰性的插花，它要突出和体现茶自然清雅、宁静淡泊的精神，不能喧宾夺主，因此插花应简洁、淡雅、小巧、精致。鲜花不求繁多，只插一两枝便能起到画龙点睛的效果。插花要注重线条、构图的美和变化，以达到朴素大方、清雅绝俗的艺术效果。需要结合茶会主题来构思，选用的花材以时令为主，小而精致，器皿可选用篮子、盘或瓶等，遵循花材自然曲直的姿态，完成巧妙的搭配。

图9-3 茶席插花

7. 焚香

焚香可以静气，也可以营造良好的饮茶氛围。焚香不仅作为一种艺术形态融于整个茶席，还能唤起人们意识中的某种记忆，从而使品茶的内涵变得更加丰富。明代徐惟在《茗谭》中论述茶与香的关系时说："品茗最是清事，若无好香佳炉，遂乏一段幽趣；焚香雅有逸韵，若无名茶浮碗，终少一番胜缘。是故茶香两相为用，缺一不可。"

茶席上需要根据季节、场合、茶叶品类的不同，选用不同的香品和焚香方法。香品通常可分为两大类：单一香品和合香品。沉香、檀香等单独焚烧或者熏印的香品，称作单一香品。使用历代相传的合香方，将多种香材按照一定比例研细调和后焚烧或者熏印的香品，称作合香品。茶道用香以清雅为宜，过于浓郁的香气会影响人的嗅觉，无法品尝到茶汤的香气和滋味。所以在香品拣选方面，以兰香、杏花香、梅花香、檀香、沉水香等为优，茉莉、玫瑰、桂花、水仙等次之。

8. 茶点

茶点是对在品茶过程中佐茶的茶点、茶果和茶食的统称。主要特征包括分量较少，体积较小，制作精细，样式清雅。点茶所喝的茶粉以绿茶、白茶为主，茶点最好选择味道清淡的糕饼，不建议选择味道厚重的点心，以免影响后续品茶，选择时还要考虑茶点与主题、茶类、茶具相协调。也可以尝试中西合璧的搭配，如手指三明治、小姜饼等。做工精致的点心和协调的茶点搭配还能成为茶席布置的一个亮点。

茶席设计常用到的素材有各类鲜花（尤其能代表品性高洁的梅兰竹菊系列）、大型盆栽、装饰画、传统风格挂轴（书以汉字书法为主，画以中国画为主）、屏风、工艺品（竹匾、民族乐器、博古架、剪纸、软装饰布帘等）。

上述席面布置元素之外的装饰，主要是为了构建一个和谐的茶席微环境，视、听、味、触、嗅觉的综合感觉，也会直接影响品茶的感觉，对茶席的主题起到深化的作用。

此外，茶席设计还包括音乐选择、表演者服饰设计、表演流程设计等活动因素，这些活动因素可以使静止的茶席动起来。茶席上的音乐是茶席中重要的组成部分，其选择的成功与否在茶席布置中至关重要，适合的音乐更容易使人在茶席中获得代入感，对茶席的意境营造起着关键作用。常言说，没有音乐的茶室是没有灵气的。背景音乐应以节拍缓慢、舒适轻松、柔和清韵的乐曲为主，似有若无，缥缈若虚，如同是从云端传来的天籁一般，使人在茶席上获得降压、愉悦、轻松、安静的享受。但这不是因为音乐的音量小，而是乐曲本身的曲调和旋律使然。

第十章
中级点茶师的茶会服务

第一节　茶会接待

知识要求:

　　茶会的迎宾礼仪要求。

　　茶会接待中的注意事项。

技能要求:

　　熟悉茶会的接待礼仪,让参加的客人有宾至如归的感觉。

　　能设计小型茶会接待流程。

　　茶会的流程包括了客人从抵达茶会到离开的全过程,茶会的组织者要提前设计好各个环节,掌握各环节的时间,做好各环节的衔接,控制好现场的气氛,避免出现冷场的情况。

一、茶会的迎宾礼仪要求

1. 茶席布置

　　点茶师及助手应根据茶会主题仔细挑选茶具用品,布置好茶席。所有茶具用品都应洁净无损,摆放整齐。同时,插花等装饰物要与主题相符,与茶席、茶具融为一体,不喧宾夺主。最后,点茶师还需要为每位客人准备好足够的杯具、杯托。

2. 个人仪表

　　点茶师应重视个人仪容仪表,提前做好准备。仪表,也就是人的外表形象,包括仪容、服饰、姿态和风度等,是一个人教养、性格内涵的外在表现。仪容即容貌,由发式、面容以及肢体未被服饰遮掩的部位所构成,是个人仪表的基本要素。

首先，选择合适的着装。作为点茶师或接待方，穿着整洁、得体是十分重要的。点茶师或茶会主人需要根据不同场合的要求选择适当的服装，要与年龄、形体相协调，并确保服装干净整洁，给人留下良好的第一印象。围绕茶文化"静、清、柔、和"的特点，综合考虑茶事活动的主题，可以选择色调淡雅、宽缓舒适、质朴大方的棉麻材质的茶服，不盲目追赶潮流，应穿着得体，装扮适宜，个性鲜明。不建议佩戴过多的金银首饰或现代流行的装饰物，以免影响点茶操作。

其次，妆容干净，整洁大方。根据点茶服装化淡妆，擦粉色或红色唇膏，不浓妆艳抹，妆容干净整洁。不化浓妆、异妆，头发干净整洁、发型得体，前不遮眉。

同时，保持优雅的姿态，举止大方。

最后，注重卫生。讲究个人卫生、保持衣着整洁是仪表美的最基本要求。男士要注意细节的整洁，如眼部、鼻腔、口腔、胡须、指甲等，女士不留长指甲，给人留下神清气爽的美感。

3. 接待礼仪

举办茶会活动，点茶师首先要给客人留下良好的第一印象，在客人到达时立刻表示欢迎并礼貌问候，保持微笑和热情友好的态度。主动向首次参加茶会的客人自我介绍，知晓客人的姓名，并在之后一直准确地称呼客人。并提前为客人安排好座位，帮助客人取拿物品，双手为客人递茶等。接待过程保持大方的举止和沉稳的态度，友善地与客人寒暄，交谈时平易近人，微笑着与客人进行目光接触，心理上放松，做到表情自然，态度亲切，避免冒犯客人或伤害客人的感情。

4. 工作态度和素质

作为点茶师或茶会主人，要保持专业的工作态度和素质。点茶过程中，能够把握水温、时间、分量和姿势，动作流畅轻柔，注意自己的仪态和言谈举止，以体现自己的专业素养。同时尽量回答客人的问题，解决客人的困扰，并提供专业的建议和意见。保持高效的工作效率和积极主动的态度，可以确保茶会顺利进行。

二、茶会接待流程

1. 接待

接待的环节要保证客人一到茶会现场就有人迎接。小型雅集茶会的接待做好签到、沐手礼（净手）、入座奉茶这三个环节的设计，可以给客人留下良好的第一印象。（见图10-1/①、②）

签到台可以设置毛笔和钢笔供客人选择。签到台需要配合茶会现场的风格，可放置雅致的插花或挂画，营造良好的文化氛围。

沐手礼（净手）是茶会必要的仪式。净手盆的水中可加入茉莉花、菊花等花瓣，让客人提前感受茶会的氛围。

客人入座后及时奉茶。如果是正式的商务茶会，要提前准备好桌牌和有客人名字的席位卡。安排好客人入座后，立刻为客人奉上香茶。

2. 暖场节目

在迎宾和正式的点茶活动之间会有间隔时间，这时可根据活动的主题安排一些节目，如演奏音乐，引导客人欣赏茶席、插花、乐曲、挂画等，让较早到达的客人有花可赏、有乐可听，突显茶会的情趣和品味。（见图10-1/③）

3. 点茶技艺表演

点茶师现场进行十二式点茶表演，如有条件也可现场展示传统的制茶粉过程。点茶师可讲解点茶文化、点茶历史，或安排客人现场鉴赏建盏等点茶器具，让客人进一步体验宋代点茶文化的魅力。（见图10-1/④）

4. 客人点茶体验

可以安排客人亲自体验点茶的乐趣，点茶师和助手进行现场指导。为了活跃气氛，还可安排客人现场斗茶，共同品鉴。（见图10-1/⑤、⑥）

5. 感谢与送别

在客人离开时，要表达感谢之意，并送客人出门。可以用简洁而真诚的话语表达对客人的感激之情，并希望有机会再次相聚。这样做不仅能够展示点茶师或茶会主人的礼貌和敬业精神，也能够给客人留下良好的最后印象。

三、茶会中的注意事项

首先，作为中级点茶师应该具备较强的与客人沟通交流互动的能力。中级点茶师需要通过各种茶会活动，与客人迅速建立良好的关系，构建自己的社交网络。沟通能力是每个点茶师都应具备的基本的技能。有效的沟通可以使顾客产生信任，形成和谐的互动氛围，使顾客感到亲切，最终建立稳固的关系。

其次，中级点茶师还应关注顾客的需要，让顾客感受到足够的热情与尊重。参加茶会的客人有不同的背景和需求，有初次接触茶的入门者，有资深的茶客，有带着好奇心了解学习点茶的专业人士，也有寻找新机会的茶商等。作为点茶师，在茶会前应该寻找各种渠道了解每位客人的大概情况，在参会客人较多的时候，提前安排好助手帮忙接待。在点茶前最好能够单独问候每位客人，在点茶过程中安排助手主动提供帮助和解答问题，照顾到客人的具体需求并及时予以满足，尽力做到不冷落任何一位客人，也不会让客人有厚此薄彼的感觉。充分考虑不同客人的需求，如准备不同口味的茶点，及时调节室内的温度，为年长的客人提供保温的衣物等，确

图10-1 茶会接待流程：现代点茶会接待（图①）；签到（图②）；茶会暖场（图③）；点茶师现场点茶（图④）；点茶体验（图⑤，图⑥）

保客人的需求得到满足。

同时,点茶师要及时向客人提供所需信息及产品。点茶师熟悉所有产品(包括茶粉、茶具等)的基本特征,要尽可能地用最清晰、简明的语言回答顾客提出的各种产品问题,使顾客获得其想要知道的相关信息。热情是有效沟通的关键,点茶师对自己的产品的热爱程度将影响顾客的决定。

除此之外,还应耐心倾听顾客需要,不抢话也不插话。倾听也是有效的沟通手段,客人对点茶的了解程度有差异,点茶师不能只顾自己高谈阔论,一定要认真听取顾客的看法及要求,只有这样才能展开针对性的沟通。交谈过程中,如果发现顾客对某些介绍不感兴趣,需要马上停止介绍。

需要注意的是,点茶师不要轻易否定顾客的观点。顾客可能有不同的观点和看法,如果不留情面地指出顾客的观点和看法有错误,就很可能导致顾客认为点茶师故意抵触他们,使交谈不欢而散。点茶师越是能容纳别人的观点,就越能表明自己尊重他们。

第二节　茶会点茶

知识要求:

点茶所用茶器的名称、功能及摆放要求。

点茶十二式的流程及操作要点。

技能要求:

能向客人介绍本次茶会的茶品、茶具。

能熟练完成点茶操作步骤。

能向客人介绍每一步骤的名称、操作要点,与客人有良好的互动。

宋代开始注重点茶时茶的选择和烹制方法。宋代的茶叶品种繁多,文人雅士在点茶时注重选择不同品种的茶叶,并在烹制时注重火候、水温和时间的掌握,以提升茶的品质和味道。这种注重品质的精神也影响到了宋代其他的文化领域,如绘画、诗词等。

点茶的技巧对茶人来说至关重要,宋代的点茶技巧更加繁复且精湛。在点茶时,茶人不仅需要具备娴熟的茶艺技巧,还需要具备极高的观察力和判断力,以判断茶水的温度和色泽,调整火候，控制水量，让每一杯茶都有着恰到好处的滋味。

中级点茶师作为一场茶事活动的主角，需要独立完成点茶的全流程（见图10-2），并在此过程中与参加茶会的客人有良好的互动，营造热闹和谐的茶会气氛。

第一式：行礼。

双手交叠放置于茶巾上，表情放松，面带微笑，微微向前鞠躬行礼，角度约30度，向客人表示欢迎和致意。中级点茶师行礼完毕后，开始向客人介绍茶席上陈列的点茶器，顺序可从中心开始，然后从左至右介绍。

点茶师可参考以下介绍词：

"各位嘉宾大家好，欢迎大家参加点茶会，我先为各位介绍今天点茶用的茶器。"

（捧起茶盏或用右手指向茶盏示意）"这是宋代点茶专用的茶盏，以福建建阳产的黑瓷最为有名，故名'建盏'。宋代点茶、斗茶追求'茶欲白'，黑色茶盏可以衬托点茶白色浮花，使其色调分明，利于品评。此外，建盏胎厚，耐高温，导热慢，适合点茶。建盏斑纹主要有曜变、油滴、兔毫等，兔毫盏是宋代黑釉茶盏中最著名的品种。《大观茶论》提出'盏色贵青黑，玉毫条达者为上，取其焕发茶采色也'，使建盏中的兔毫盏受到文人雅士们的追捧。建盏口大足小，利于击拂、取乳、观赏汤色等，是为点茶设计的专用茶器。"

（指向茶匙）"这是茶匙，用于取茶粉，常见的茶匙有竹木制和银制的，今天我们用的是银制茶匙，不易产生异味，利于保持茶粉的香气。"

（指向茶盒）"这是茶盒，用于存放茶粉。"

（指向建水）"这是建水，又叫水盂，用于盛装温茶器用过的水。"

（指向茶筅）"这是茶筅，用于点茶。"

（指向汤瓶）"这是水壶，宋代称汤瓶，又叫执壶，用于盛装点茶用的开水。"

"下面我开始为大家点茶！"

第二式：置筅。

右手握筅柄，将茶筅轻置于茶盏中，筅穗朝下，筅柄对向点茶师。右手提汤瓶，左手轻按汤瓶瓶盖，在筅穗上注水一周，再垂直上下提落注水一次，注意保持水流不中断。然后双手握筅柄，旋转茶筅，让筅穗充分浸润。

此时，点茶师可说："茶筅使用之前需用热水进行温热，软化筅穗使其柔软富有弹性，便于接下来更好地击拂茶汤。"

第三式：温器。

双手捧起茶盏，掌心贴盏外壁，缓缓转动茶盏，让水沿茶盏束口线绕一周，然后将温过盏的水倒至建水。

扫码观看黄建红非遗点茶十二式（站立）操作视频

此时，点茶师可说："点茶所用的建盏胎特别厚，耐高温，导热慢，点茶前要预热，茶盏温度不够会使茶末不易浮于水面，有温度的茶盏，能够让沫饽保持的效果更好、时间更久。"

第四式：取粉。

左手取茶匙，递换到右手，左手再拿起茶粉盒，双手配合，取半勺茶粉（约1克），并放置茶盏底部。左手掌心向上，轻敲右手手腕下方，抖落茶匙中残留的茶粉，再将茶匙放回茶匙架。

此时，点茶师可说："今天我们点茶用的是白茶粉（不同的茶粉要注意调整介绍的内容），是由高等级的嫩芽，经过干燥、研磨、过筛等多道复杂工序制成的，花香突出，具有很高的品鉴价值。"

第五式：调膏。

右手提壶，沿盏壁注水，水量约2毫升。放下汤瓶，右手拿茶筅在茶盏底部顺时针搅动水和茶粉，使之充分调和交融，形成凝胶状。

此时，点茶师可说："调膏注水要沿盏壁注入，注意水不宜直接注在茶粉上，这样会扬起茶粉，影响后续水茶混合。用茶筅搅动茶粉和水，直至形成有黏度和浓度的膏状。"

第六式：击拂1。

提汤瓶沿盏壁逆时针环绕注水，水量约50毫升，占盏容量三分之一左右。用茶筅先搅动茶盏底部茶膏，随后利用手腕带动手指，按顺时针画椭圆动线，速度要快，让茶筅的力量穿透整个茶汤，发出"哗哗"的搅动声，茶汤面旋即生成白色沫饽。

此时，点茶师边演示边说："注水时要沿着茶盏环绕一周加水，手法要轻。用竹筅击拂茶盏，要求手轻筅重，指绕腕转，使茶面泛起沫饽。"

第七式：击拂2。

沿茶面注水一周，水量约25毫升。接下来的动作和第六式相似：手腕带动手指发力，按顺时针方向画椭圆形，让茶粉与水持续碰撞，充分析出茶粉内含物。随着沫饽的增加，茶筅阻力增大，茶汤发出浑厚的"噗噗"声。击拂完毕后，沫饽颜色更加显白，厚度增加，此时沫饽已基本生成。

此时，点茶师边演示边说："第三次注水，茶筅可往上挪，击拂的力度与上一次相似，使用茶筅要轻盈。一般以乳沫堆积如雪花为理想的沫饽状态。"

第八式：拂沫。

在茶面上注少量的水，水量约15毫升。将筅穗的一半放入茶汤，立直茶筅，不拘路线和方向，前后左右轻拂大小不一的泡沫，直至茶面的沫饽均匀细腻绵密。

此时，点茶师可说："此步骤是为了让沫饽更加细腻，观察乳沫形成的状态，如果乳沫多而厚，茶筅沿碗壁轻绕或上下轻拂，将乳沫中较大的泡沫打细则可。此时不再激烈搅荡茶筅，以免又激发出大的气泡，破坏茶面的美感。"

图10-2 非遗点茶十二式

第九式: 立乳。

这一步用来检验沫饽是否够厚。定点注水约15毫升, 慢慢从茶盏底部提起茶筅抓取沫饽, 顺势提拉出一个乳峰状突起, 形成小山峰或小山尖, 盏中有如山水生成。至此, 一盏好茶便点成了。

此时, 点茶师可说: "这一步用来检验沫饽是否够厚。用茶筅将堆积如雪花的乳沫轻轻往上提, 使其形成山丘状, 这盏茶便点好了, 请各位品鉴。"

第十式: 分茶。

点茶师用茶勺将点好的茶汤分到小盏当中, 通常一盏分为三小盏。

第十一式: 请茶。

点茶师把分好的茶用盏托托起, 双手端给客人。

第十二式: 吃茶。

点茶师双手捧起盏托, 再右手取小盏, 分三口品鉴, 与客人一起鉴赏沫饽和闻香尝味。

第三节　茶汤品鉴

知识要求:

宋代和现代点茶的品鉴标准。

不同茶类茶粉所点茶汤的品质特征。

白茶茶粉所点茶汤的优势特点。

建阳白茶的制作工艺流程。

技能要求:

掌握茶汤的品鉴标准。

掌握不同茶类茶汤的品鉴。

熟悉白茶茶粉所点茶汤的品鉴特点。

熟悉建阳白茶的制作工艺。

宋代的点茶主要是由蒸青绿茶做的团茶经点茶师炙茶、碾茶、罗茶、烧水、熁盏、置茶、候汤、调膏、点汤击拂等流程调制而成。点茶还融入了宋代文人学士、皇亲贵族们的审美及生活理念，成为宋代文化的一张亮丽名片。

一、宋人点茶的品鉴

宋人斗茶主要有三个评判标准：

一是汤色，看茶面的色泽和沫饽均匀程度。

茶汤颜色"一般标准是以纯白为上，青白、灰白、黄白，则等而下之"。宋人尚白，茶色以纯白色为上等，青白、灰白、黄白等级依次下降。色纯白，表明茶质鲜嫩，蒸时火候恰到好处；色发青，表明蒸时火候不足；色泛灰，是蒸时火候太老；色泛黄，则采摘不及时；色泛红，是炒焙火候过了头。沫饽不仅要求色泽鲜白，如"冷面粥"，即像白米粥冷却后凝结成块；而且必须均匀，又称"粥面粟纹"，要像粟米粒那样匀称。

二是水痕，看茶盏内沿与沫饽相接处有无水痕，水脚晚露而不散者为上。

沫饽保留时间长，因茶乳融合，紧贴盏沿而不易退散的，称为"咬盏"。沫饽如若散退，盏沿会有水的痕迹，叫"云脚涣乱"。如果斗茶时先出现水痕（咬盏消失），即为失败。沫饽白厚，经久不散，是好茶的标准。茶人以此较胜负，胜者如将士凯旋，败者如降将垂首。

三是茶味，即品尝茶汤的滋味。

要求茶汤有真香、回甘和滑口。大观元年，宋徽宗赵佶作《茶论》，提道："夫茶以味为上，香甘重滑，为味之全。宋徽宗好书画，做文章，尤嗜茶，各地名优好茶皆有进贡，可谓阅尽天下名茶。"其作茶论，集天下茶人名士之力，最终确定了好茶的入口标准：香、甘、重、滑。香，即香气；甘，即生津回甘；重，即滋味浓醇厚重；滑，即茶汤顺滑。宋代茶人追求茶的自然与纯粹，不追求太多的装饰和浮华。他们认为，茶是一种自然的饮料，应该尽量保留其本身的味道和特色。因此，宋代点茶更注重茶本身的滋味和品质，而不是追求花哨的形式。一款茶叶，如果香气优雅，生津回甘，滋味浓醇厚重，茶汤顺滑，即可判断这是一款优质好茶；反之，如若香气不雅，气息杂陈，滋味淡薄，茶水分离，苦涩不化，就是质量不佳。

茶最重要的是滋味，只有北苑、壑源的茶叶兼具甘、香、重、滑这些特点。滋味醇厚但缺乏刚健遒劲的，是因为蒸茶、压黄太过。茶枪是茶树初萌未展的嫩芽，木为酸性，茶枪过长的茶叶，虽然初饮甘、重，但最终会感到微有苦涩。茶旗是茶芽刚刚展开而成叶者，味苦，茶旗过老的话，虽然最初留苦味于舌，但饮完之后反而有回甘。一般的茶芽制作的茶饼都有这些特点，但是品质卓绝的茶叶，具有真灵味，与一般的茶不同。

二、现代点茶的品鉴

伴随中国经济的快速发展，人们的生活水平不断提高，茶饮文化逐步被大众了解、学习，点茶文化是中国古代茶文化的最高峰。近年来，弘扬中华优秀传统文化、坚定文化自信的热潮，让融汇宋代高雅美学艺术和精致文化生活的点茶重新受到人们的关注。反映宋代生活的剧集热播，有力地提高了点茶文化的文化性、普及性，点茶文化的回归是大势所趋。

点茶在现代要想成为中国传统文化的代表之一，广为传播，并进入一般百姓家庭，必须先有高质量的茶粉。如今已经不可能完全复制宋代团饼茶，因此，茶粉的重新研发、点茶用具的研发是点茶在现代发展的第一要务，以适应现代人对日常点茶的诉求。

1. 现代点茶之茶

得益于现代中国茶的丰富种类，六大类茶都可以制作点茶的茶粉，其中绿茶、白茶、黄茶中的芽茶是更理想的选择。绿茶因多采摘嫩芽，且鲜爽清香，在宋代就是制作龙凤团茶的主要茶类。白茶中的白毫银针，以大白茶的单芽制作；白牡丹由大白茶和水仙白的一芽一叶、一芽两叶经过萎凋、干燥制作而成。这些茶叶色泽灰绿或翠绿，汤色浅淡，清甜鲜爽，也非常适用制作茶粉。黄茶中的黄芽茶是以细嫩的单芽或一芽一叶为原料制作而成的，黄小茶是由细嫩芽叶加工而成的。黄芽茶和黄小茶滋味甜醇，香气馥郁，汤色呈杏黄或淡黄，都可以制作茶粉。

2. 白茶茶粉的实用性优势

在现代点茶实践中，白茶茶粉因其原料特性与工艺适配性，成为优质选择之一。相较于其他茶类，白茶制作茶粉具备以下客观优势：

第一，原料特性适配。白茶以嫩芽或一芽一叶为原料，如白毫银针（单芽）、白牡丹（一芽一叶至两叶），芽叶茸毛密布，天然富含茶氨酸、果胶等物质。这些成分在点茶击拂时更易形成细腻持久的沫饽，且使茶汤滋味鲜醇甘甜，符合点茶对口感与视觉效果的双重要求。

第二，工艺保留活性物质。白茶传统工艺以自然萎凋与低温烘焙为主，不炒不揉，最大程度减少茶叶细胞破损，保留茶叶内质。制成散茶后，经精细研磨、多次过筛，所得茶粉颗粒均匀细腻，在点茶过程中能极大地发挥出茶性。以福建建阳白茶为例，其制作工艺和茶粉研制过程见图10-3。

3. 茶的品鉴

现代点茶从外观上延续对丰富乳沫的追求，同样的茶粉，通过对比茶汤的沫饽颜色、厚度、细腻度、持久度以及茶汤的香气滋味，即可判断茶汤的质量。但是因为茶类的选择非常丰富，各有特色，品鉴时在一定程度上摒弃了宋代尚白的标准，更强调茶汤的滋味，因此，茶汤的

图10-3 福建建阳白茶的制作工艺和茶粉研制过程：采青（图①）；开筛（图②）；日光萎凋（图③）；室内萎凋（图④）；并筛（图⑤）；捡剔（图⑥）；烘焙（图⑦）；碎茶（图⑧）；磨茶（图⑨）；罗茶（图⑩）

"香甘重滑"仍是现代点茶的品质标准。不同茶类所制作茶粉的沫饽颜色、厚度、细腻度、持久度和所点茶汤的香气滋味都不一样,点茶师必须熟悉六大茶类所制作的茶粉的相关特征,在客人选择不同茶粉点茶时,可以准确地描述和推荐。

表10-1、图10-4是六大茶类所制茶粉的点茶效果对比,样品选择六大茶类的特级和一级成茶,即时研磨成茶粉,点茶成汤。需说明的是,本对比结果只是本批样品的单次效果。

表10-1 六大茶类所制茶粉的点茶效果对比

茶类	等级	沫饽颜色	沫饽厚度	沫饽细腻度	沫饽持久度	茶汤香味	茶汤滋味
绿茶	特级	色白,见茶色	较薄	气泡欠细腻	欠持久	豆香,兰花香	淡淡乳香,清甜
	一级	黄绿	较薄	较粗大	消散快	豆香,花香	顺滑,清甜
白茶	特级	纯白	非常丰厚	非常细腻	经久不散	兰香	乳香,顺滑,甘甜
	寿眉	纯白	丰厚	较细腻	较持久	花香,清新	乳香,甘甜
黄茶	特级	灰白	较厚	气泡细密	较持久	花香,果香	淡淡花果香,略涩,甘甜
	一级	灰白	较薄	气泡粗大	消散快	粽香	淡淡花香,略涩
乌龙茶	特级	灰白	丰厚	绵密	持久	花蜜香	略带涩感,甘甜
	一级	黄白	较厚	较细腻	持久	花香	花香,略有涩感
红茶	特级	黄白	较薄	粗大	消散快	红枣桂圆香	花果香,甜润
	一级	黄白	较厚	细腻	持久	焦糖香	顺滑
黑茶	特级	啡白	较薄	欠细腻	欠持久	熟茶香	顺滑,甜润
	一级	啡白	较厚	较细腻	持久	枣香,熟茶香	顺滑

①特级黄茶茶粉 　　　　②一级黄茶茶粉 　　　　③特级绿茶茶粉

④一级绿茶茶粉 　　　　⑤特级黑茶茶粉 　　　　⑥一级黑茶茶粉

⑦特级红茶茶粉 　　　　⑧特级乌龙茶茶粉 　　　　⑨一级乌龙茶茶粉

⑩特级白茶茶粉 　　　　⑪寿眉茶粉

图10-4 现代点茶茶粉

第四节　茶点服务

一、茶点服务

　　以茶果待客，是古人礼仪中的常规礼节，"果"字并非现代人说的水果，而是点心的意思。茶果在唐宋之前已有相关记录，史料可以追溯到数千年前的《晋书·陈纳传》："时卫将军谢安欲诣纳，纳兄子椒怪纳无所备，不敢问之，乃私蓄十数人馔。安既至，纳所设唯茶果而已。椒遂陈盛馔，珍羞毕具。"其中简略提到了以茶果待客这一礼节。到了唐宋时期，随着饮茶之风的流行，这一茶俗也逐渐盛行，既可以展示主人的热情好客，还可以表达与朋友的友好情谊。与此同时，相关的文书记载也大大增加。例如，唐代诗人白居易在《麴生访宿》中写的"村家何所有，茶果迎来客"，言语虽简单，所备的茶果也并不繁多，却暗暗地表达了两人之间的友好情谊。宋代诗人释惟晤在《次韵和酬》中写道："月上更无人语闹，雪深空认虎行踪。诗书共喜灯前论，茗果翻疑梦里逢。""茗"在这里指茶，也是指以茶果待客这个礼节。"客至点茶，客走设汤"从宫廷茶礼流传至民间，后来不断发展，甚至走出国门，时至今日一直是中国人一项重要的待客之礼。

二、茶点的选择

　　茶会茶点的选择非常重要，会一定程度影响客人的体验。点茶一般以绿茶为主，绿茶所含的咖啡因、茶碱等能显著刺激胃酸分泌，促进胃动力。胃酸分泌增加有助于分解食物，胃肠蠕动加快促进消化进程，可能让人更快产生饥饿感。因此在一场为时2~3小时的茶会中准备好合适的茶点非常重要。

茶会的组织者需要了解茶性,还需要了解各种点心食物的口味特征,使茶和茶点的味道协调。例如香气和滋味都比较含蓄的茶,与之相配的茶点不宜味道太浓重。一般来说,清淡的糕点适合与绿茶、白茶等不发酵或轻发酵茶搭配。

(一)茶点选择原则

第一,与茶性味相合。食性要适应茶性,食味要与茶味相合。"甜配绿,酸配红,瓜子配乌龙。"

第二,与茶在视觉上相配。不同茶叶的茶形、汤色有差异,需要不同形状的食物相伴,形成一种视觉上的和谐之美。如龙井的茶汤黄绿通透,配绿豆饼绝佳;普洱的茶汁沉稳厚重,配牛肉干最好不过。

第三,与地域文化相配。中国的茶区分布广泛,从华中到华南,从华东到西南,各地的茶融合了当地的饮食习惯和传统文化,形成了特有的茶点搭配。茶性、茶味、茶形因地方不同而有所不同,相配的茶点当然最好是当地出产、当地原料、当地工艺。茶与茶点根出同源,本性相合,滋味会更醇厚。例如男女老少都喜欢喝工夫茶的潮汕人,茶点选香甜脆软、肥而不腻的潮式饼,包括绿豆沙饼、乌豆沙饼、双烹饼和水晶饼等。

(二)茶与茶点的搭配

1. 乌龙茶

乌龙茶品种很多,著名的有铁观音、大红袍、凤凰单枞、冻顶乌龙等。香气滋味差异较大,可以配一些低糖度或低盐分的茶食,如瓜子、花生、豌豆绿、芸豆卷等。铁观音茶可以促进消化酶分泌,还能分解脂肪、消热去油,可搭配油炸类茶点。

2. 绿茶

中国绿茶品种虽多,但共同特点是味道清鲜淡雅,色泽清爽美观,所以茶点的搭配也应该遵循它的特点,味道不应过浓过郁,同样以清鲜淡爽为好,否则茶点盖住茶味,就体会不出绿茶原有的韵致了。例如干果配龙井。杏仁、核桃等干果有益健康,带点咸脆,而龙井入口清香、茶性清淡,不仅解渴还能消脂去腻。

3. 红茶

红茶味道比较醇厚浓郁,适合配一些苏打类或带咸味、淡酸味的点心,如野酸枣糕、乌梅糕、蜜饯等。也可配一些蛋糕类食品,如小蛋糕、蛋挞等。

4. 普洱茶

普洱茶的味道比较醇厚,宜搭配一些口味较重的茶点。包括各种脯类,如牛肉干、果脯等;各类奶制品,如奶酪、奶皮子、奶渣等;含油脂较大的坚果,如椒盐花生、腰果、杏仁、核桃等。

第五节　茶品推介

知识要求:

　　适量喝茶的好处。

　　过量喝茶的副作用。

　　不同茶类的适饮人群及原因。

技能要求:

　　熟悉各种茶类对人身体的影响。

　　根据客人的性别、年龄和身体情况推荐适饮的茶品。

　　不同类型茶会的参会人群会有差别,商务茶会、雅集茶会以中青年为主,家庭茶会、茶事活动则男女老少都有,点茶师必须非常了解各种茶粉的内含物质和茶性特点,熟悉各种茶物质对人体的影响,根据顾客的性别、年龄、身体情况、职业需求等特征向不同的客人推介合适的茶品,以保证客人能够健康品茶,充分享受茶的乐趣。为了保证茶会能够顺利举行,也为了让客人能够尽兴而归,点茶师需要在茶会举办前提前了解客人的年龄、性别等情况,准备多种茶粉和茶点供不同客人选择,并在喝茶前提醒客人注意事项或饮茶的禁忌,避免出现不适的情况。

一、适量喝茶的好处

　　鲜茶叶中,水分占了75%,干物质占了25%。干物质中已知的化合物有700多种,主要包括糖类、氨基酸、叶酸、茶多酚、茶碱等多种成分。适量饮茶对人体有很多的益处。茶叶中含有多种维生素和氨基酸,可以清油解腻,增强神经兴奋并消食利尿。茶碱的主要成分是咖啡碱,这是茶的一种重要特性物质,在茶叶中含量达到2%~5%,能刺激肠胃,促进胃液的持续分泌,具有消食化滞、解热镇痛、利尿、兴奋中枢神经、缓解疲劳的作用。

　　茶叶中还含有大量矿物质元素,所含的儿茶素、胆甾烯酮、咖啡碱、肌醇、叶酸、泛酸等多种成分,在综合作用下能有效预防和抑制肥胖。饮茶还能降低高血压、胆固醇,降低心血管疾病发生的风险。除此之外,茶叶还能维护肠道健康。

二、过量饮茶的副作用

陆羽在《茶经》里认为："味至寒，为饮最宜精。"宜精，指的是饮茶需适量，也要避免空腹。饮淡茶可以养生，饮浓茶则有损健康，空腹饮茶，会加重茶汤对胃肠的刺激，导致胃肠疾病的发生或趋恶化。

浓茶里的草酸含量高，易与人体内的钙形成不溶于水的草酸钙，常饮浓茶容易患肾结石。茶叶中的茶多酚与蛋白质发生凝固反应，长期饮茶过量容易造成贫血。除此之外，饮茶过量还会导致咖啡碱摄入过量，影响肠道内钙的吸收，导致身体缺钙或骨质疏松。大量饮用浓茶后会稀释胃液，降低胃液的浓度，使胃液不能正常消化食物，从而产生消化不良、腹胀、腹痛等症状，有时甚至还会引发十二指肠溃疡。

咖啡碱在人体内通过肝脏来代谢，不同性别、年龄的人群代谢速度不同，孕妇、儿童等人群咖啡碱的代谢时间是健康成人的3倍以上。因此年老体弱的人、肝脏功能有问题的人、发育不健全的少年儿童不适合饮茶。另外吃西药的人，在有医嘱的情况下应不喝茶。

三、培养健康的喝茶习惯

第一，根据季节选择饮用的茶类。

季节对茶的品质影响巨大，李中立在《本草原始》中说："细茶宜人，粗茶损人，粗恶苦涩，品类最下者。"保健价值较高的茶是春茶，头春茶中氨基酸的含量高，细嫩甜润，入口甘滑细腻。等级较低的夏秋茶，往往寒性较重，苦寒伤气，而且夏秋病虫害高发，茶上的农药残留可能相对较高，若过量饮用，会伤身体。

因此，建议春饮花茶，夏饮绿茶，秋饮乌龙茶，冬饮红茶或黑茶。春季饮花茶，可以散发冬天积存在人体内的寒邪，浓郁的香味能促进人体阳气发生。夏季，以饮绿茶为佳。绿茶性味苦寒，可以清热、消暑、解毒、止渴、强心。秋季，饮乌龙茶为好。此茶不寒不热，能消除体内的余热，恢复津液。冬季，饮红茶为理想。红茶味甘性温，含有丰富的蛋白质，能助消化，使人体强壮。

第二，讲究喝茶有量。

喝茶不是喝得越多越好，也不是所有的人都适合喝茶。以点茶为例，每次点茶茶粉的投放量约1克，适饮人群每天喝2~3次是比较适当的。

第三，不饮过浓的茶。

浓茶会使人体"兴奋性"过度增高，对心血管系统、神经系统等造成不利影响。有心血管疾病的人在饮用浓茶后可能出现心跳过速，甚至心律不齐的症状，造成病情反复。

第四，临睡前不饮茶。

有些初学者学习点茶后非常兴奋，一天点多盏茶喝。但如果是入睡前饮茶，可能会影响睡眠，有神经衰弱或失眠症的人，尤应注意。

第五，进餐时不大量饮茶。

进餐前或进餐中少量饮茶并无大碍，但若大量饮茶或饮用过浓的茶，会影响很多常量元素（如钙等）和微量元素（如铁、锌等）的吸收。

第六，酒后不宜饮茶。

饮酒后，酒中乙醇通过胃肠道进入血液，在肝脏中转化为乙醛。酒后饮茶，茶中的茶碱可迅速对肾起利尿作用，使尚未分解的乙醛过早地进入肾脏。乙醛对肾有较大刺激作用，会影响肾功能，因此经常酒后喝浓茶的人易发生肾病。不仅如此，酒中的乙醇对心血管的刺激性很大，而茶同样具有兴奋心脏的作用，两者同时饮用，更增强对心脏的刺激，所以心脏病患者酒后喝茶，对身体的危害更大。

四、不同茶类的适饮人群

绿茶性寒，有醒脑提神，利尿解乏的功效。适宜体质偏热、胃火旺者。绿茶有很好的防辐射效果，非常适合常在电脑前工作的人。

白茶性凉，有清热防暑、消炎解毒的功效。陈放的白茶有祛邪扶正的功效。适宜人群和绿茶相似。

黄茶性温，有消除疲劳、消食化滞的功效。适宜消化不良、食欲不振、懒动肥胖者。

乌龙茶性平，有分解脂肪、减肥健美的功效。适宜所有人群。但忌空腹饮用，避免茶醉（指饮茶过浓或过量引起的心悸、头晕等现象）。

红茶性温，有暖胃养生、消疲劳、提神益思的功效。适宜胃寒、手脚发凉、体弱、年龄偏大者。红茶与牛奶、蜂蜜等共同饮用，口味更好。

黑茶性温，有去油腻、降血脂、减肥的功效。适宜抽烟喝酒者，有三高者。

第四部分

高级点茶师培训

高级点茶师要求能完成点茶空间设计、服饰妆容选择、点茶主题设计等前期展演工作，完成主题展演、主题阐述等核心工作。即能完成从设计到实施的完整的点茶展演。此外，高级点茶师还需熟练掌握点茶相关产品的销售技巧。

第十一章
高级点茶师的点茶展演准备工作

点茶展演,指在特定的茶空间或舞台上举行的有一定主题内涵的点茶技艺展示和表演。点茶展示的应用范围更为广泛,茶馆经营、茶艺培训、点茶产品推销、企业活动、点茶文化输出等,都可展示点茶茶艺和点茶主题;点茶表演则注重舞台效果,强调表演的氛围、意境、主题,以及服饰、妆容、灯光、音乐等的相互配合。点茶表演也是现代茶艺竞技表演的内容之一。

第一节　点茶展演空间设计

知识要求:

宋代点茶空间场景分类知识。

宋代点茶空间审美标准。

现代点茶空间审美知识,包括分区布局、色彩搭配、灯光设计、家居配饰等。

技能要求:

能灵活运用宋代点茶空间元素和审美标准,完成现代点茶空间设计。

能根据点茶展演空间特点合理分区。

能合理进行空间色彩搭配。

能合理进行灯光设计。

现代点茶植根于宋代点茶,审美标准与宋时基本一致,在点茶空间设计和氛围营造上,也与宋时的要求和感觉相似。所以设计现代点茶空间之前,有必要了解宋代点茶空间的场景组成、空间元素及艺术审美标准。

一、宋代点茶的空间场景和元素

宋代点茶的真实场景已无可追寻,但从描绘当时点茶情形的茶事图中可觅得一二。根据其茶空间特点,分为以下几个空间场景。

1. 园林空地

聚集于此的多是官宦文人阶层,常有僧道人士作陪,人数众多,活动多样。有作画、观书、游园、吟咏等活动,备茶、点茶等茶事活动贯穿其中,相辅相助。或者点茶单独成为茶会的主角,达官贵人、文人雅士聚集于此,点汤品饮赏茗。

园林空地多在室外。园林空间元素通常包含流泉假石、修竹亭榭、假山盆景、桌案椅凳等。园林一般分解为相互关联的多个空间单元,用栏杆、屏风等隔开,创造独立和连接的空间氛围。

赵佶的《文会图》中可以看出,点茶活动场地为室外园林,其空间氛围高雅闲适。备器者、候汤者、点茶者各有所位,秩序井然,宴饮宾客神情愉悦。(见图11-1/①)

2. 山水寺院

山水寺院茶空间以禅师点茶或品饮为中心,童子打水、赶茶、生火、候汤、点注等茶场景围绕。在宋人诗词中,对山水寺院茶空间有很多生动的描述。如徐照在《游雁荡山赠东庵约公》中说:"已成重阁在,别置一庵居。客喜逢煎茗,童寒免灌蔬。"苏轼也曾说:"茶笋尽禅味,松杉真法音。"从诗词和相关画作中可看出,山水寺院茶空间追求的是方便禅修的淡然氛围,在空间选择上注重自然环境,强调茶、禅和自然相和谐。

山水寺院的空间元素通常有寺、院、茅庵、松、竹、石、山、岩、江、流、溪、池、桥、蒲团、石案、席、风炉等。

南宋周季常、林庭珪所作的《五百罗汉图》中可看出以上特点。(见图11-1/②)

3. 幽居雅室

"幽居式"茶艺活动以文人士大夫为主,一般一人或两三人进行,这种情形在宋画中常见。出现在宋画中的"幽居式"茶事活动涵盖了从汲水、备茶到品茶的过程。幽居雅室空间包括亭榭、楼阁、楼台等。

《卢仝烹茶图》中的"书房",刘松年《四景山水图之秋》中的"轩",《山居说听图》中的"亭",蔡襄《山堂试茶六月初八》中的"堂"等,都是饮茶场景中的空间建筑,与周围园林、景观相融合。建筑内部设有茶床、茶具,还配有香炉、花瓶、挂画等器物,展现焚香、插花、点茶、赏画四大雅事。

在幽居雅室的茶空间中，备茶空间多分布于建筑外围，如位于侧间或园庭角落，品茶活动则在古松树影下的茅庵书房中，以"倚案而坐"的主人为中心。

幽居雅室的空间元素通常有亭、堂、台、斋、松、竹、荷、石、溪、桌案、椅凳、风炉等。

幽居雅室茶空间在南宋刘松年的《四景山水图之秋》中有所呈现。（见图11-1/③）

4. 山林野外

陆羽在《茶经·四之器》中提到一种茶具"都篮"，用于打包和携带茶具。有了都篮，宋人外出做茶事，可将茶具打包挑担而行。行至野外，席地布茶，沐清风灿阳，听蝉鸣鸟叫，实现人与自然的合一。

陆游在《北岩采新茶用忘怀录中法煎饮欣然忘病之未去也》中云："槐火初钻燧，松风自候汤。携篮苔径远，落爪雪芽长。细啜襟灵爽，微吟齿颊香。归时更清绝，竹影踏斜阳。"生动描绘了山林野外饮茶的闲逸场景。

南宋佚名之作《品泉图》，描绘了一位高士处于山丘之中，身旁童子侍奉茶水的场景，高士轻摇扇子，细细品茶，此情此景恰与画中题诗相得益彰。（见图11-1/④）

而北宋李公麟《龙眠山庄图》的局部画面，则展现了作者与其友人在故乡舒州龙眠山庄内的雅致聚会，他们共赏美景，清谈阔论，以品茗为乐。山庄景色秀美，仆人引泉煮茶。图中细致刻画了野外烹茶的场景，能看到风炉、都篮、茶碗及茶托等物。

由此可见，宋人在饮茶时极为注重环境的清幽与雅致，尤其偏爱这种融入自然的"野趣"，期待将淡泊清润的茶与心境相合。

山林野外茶场景的空间元素有山、溪、桥、石、松、石案、席、都篮、汤瓶、风炉等。

5. 市井街巷

这类茶空间的茶艺活动，其主要参与者为市民大众，围绕点茶与斗茶展开，氛围热烈且富有趣味。活动的举办地往往选在市井街巷或山水之中，巧妙地将都市风情与自然景致融为一体。如刘松年所绘《斗茶图》中所示，点茶场景被巧妙地置于市郊的苍松之荫、山石之侧、江河之岸。

此外，城市街巷也是茶艺活动频繁出现的场所，它们散布于街道、桥头、码头等交通要道，《清明上河图》中所描绘的茶坊便是明证。（见图11-1/⑤）甚至在水上交易中，也常见点茶的身影。如《梦粱录·卷十二》所记录的"湖船"中，除售卖各类商品外，还有小船提供点茶服务。

值得一提的是，点茶还演化成了一种街头艺术形式，《梦粱录·卷十三》"夜市"一节中提道："并在五间楼前大街坐铺中瓦前，有带三朵花点茶婆婆，敲响盏，掇头儿拍板，大街游玩人看了，无不哂笑。"由此可见，点茶已经融入了表演艺术的元素。

市井街巷茶场景的空间元素有茶坊、茶肆、长凳、长桌、灶台、草屋、池塘、荷花、船、桥、江、树木、茶箱等。

图11-1 古代绘画中的茶空间：园林空地（图1）；山水寺院（图2）；幽居雅室（图3）；山林野外（图4）；市井街巷（图5）

二、宋代点茶空间中的审美标准

1. 知白守黑

"知白守黑"这一理念源自老子《道德经·第二十八章》中的"知其白,守其黑,为天下之式"。在此,"黑"与"白"作为自然对立的两极,分别与"暗"和"明"相对应,象征着阴阳的平衡与和谐。知白守黑,因而成为一种追求阴阳和谐之美的哲学境界,与道教太极图所蕴含的深意不谋而合。这种对和谐的追求,深深植根于我们的民族文化之中,同样也在宋代的点茶空间中得到体现。

众多两宋时期的茶诗词与茶画都表明,宋代的点茶活动不局限于点茶本身,还特别注重饮茶空间与自然之间的和谐统一。宋代文人视茶为天地自然之和的产物,因此,他们倾向于在野外品茶,以享受"野色宜茶灶"的意境。即便在室内饮茶,也会通过摆放插花、盆栽等自然元素,来营造一种与自然融为一体的氛围。

此外,茶事与茶、水、器之间的和谐也是宋代点茶活动的重要追求。唐代陆羽在《茶经》的"四之器"部分专门讨论了茶器,而"五之煮"部分则详细论述了水的重要性。两宋时期的茶诗词也大量反映了宋人对茶、水、器具之间和谐关系的追求,如茶与泉的相得益彰,冰雪与茶的完美融合,以及茶水与茶盏、石鼎的协调搭配。在茶器的选择上,宋人注重色彩、材质和纹饰的和谐统一,偏爱温润的青白瓷器,并采用卷草纹、云纹、缠枝花纹等自然纹饰进行装饰。

最后,宋代点茶活动还追求茶事活动与雅事之间的和谐。从相关的茶画与茶诗词中可以看出,宋人将饮茶与烧香、挂画、插花、抚琴、吟诗、参禅、对弈等雅事并提,共同构成了一种高雅的饮茶文化。

2. 秩序之美

宋代哲学的典型代表为理学,理学的兴起促使宋代社会倡导简朴之风,重视实用性,这一思潮深刻影响了宋代器物的设计,使之呈现出朴素平淡、简洁典雅的特点,与唐代繁复的装饰和华丽的色彩形成鲜明对比。理学中的"理",既指超越个人意志、永恒不变的天理,也指事物内在固有的规律与秩序。它主张"以物观物",强调器物应服务于其实用功能,为宋代器物简练平实的风格奠定了坚实的理论基础。因此,在创作过程中,理性的宋人致力于追求秩序与法则,他们欣赏的是那种具有实用性、工整且规范的美感。

因此,宋代的茶具与家具在设计上均倾向于简洁的风格,紧密贴合实际使用需求,鲜少进行大面积的装饰与美化。在结构上,宋代的茶事家具致力于优化榫卯结构,以达到点睛之笔的效果,采用框架式结构替代传统的箱式壶门结构,不仅使家具更加轻便,还降低了制造成本,从而惠及普通民众。在选材方面,宋代茶事家具偏爱使用自然材质,以木材为主,包括以黑漆装饰的杨木、杉木、榆木等软木，以及紫檀木、黄花梨等硬木。而在色彩运用上，宋代茶事空间中流行单色"素"家具，偏爱白瓷茶器。这些都深刻体现了宋人受儒家理学影响的审美取向。

3. 禅茶一味

宋代是中国点茶文化的鼎盛时期，同时也是茶禅文化融合发展的辉煌阶段。在此期间，点茶超越了日常习俗的范畴，升华成了一种审美情趣的体现。点茶过程中洁白沫饽的瞬息万变，与禅宗所倡导的寂灭空灵不谋而合，人们深信，品饮茶汤能引领人至禅定之境，体悟寂灭真谛，明心见性。于是，"禅茶一味"的茶文化理念应运而生，将禅意融入点茶文化的空间氛围之中。

点茶文化与禅宗思想的相互渗透，构成了那个时代文化艺术的一大独特风貌。而"禅茶一味"所追求的，是一种宁静和顺应自然法则的精神境界，这种境界既体现了人与自然的和谐共生，也涵盖了对内心世界的深刻洞察。在此情境下，点茶不再仅仅是一种外在行为，更是一种内在的精神追求。

宋代点茶文化特别注重品茶的审美体验，对茶具、茶水、茶香、茶味及茶空间等都有着极高的要求。禅茶则强调以专注和敬意对待茶具、茶叶与茶水，尊重茶的自然特性和生命力。在点茶的过程中，人们得以沉静心境，将内在世界与外在环境融为一体，感受人与自然的和谐共存，领悟生命的真谛与意义。这种通过静谧与恭敬的心法来探寻道之真谛的过程，正是"禅茶一味"的核心所在，也是点茶文化的重要价值体现，更为点茶文化空间的审美装饰提供了重要的灵感来源。

三、现代点茶展演空间设计

现代点茶虽然脱胎于宋代点茶，但毕竟时间上相去甚远，需要在各方面进行改良和调整，才能适应现代人对点茶在社交、休闲和体验等方面的需求。然而，从宋代点茶传承下来的精神内核，以及平衡、秩序、简约等审美标准仍值得保留。具体到点茶空间设计，宋代点茶茶空间的情境设计思路和所用空间元素大多可被传承和借鉴。现代与传统相结合，催生了现代点茶茶空间设计的相关内容。

1. 空间布局

无论点茶展示还是点茶表演，在空间布局上，都要求设计分区和动线。点茶区域可分为主点茶区、备茶区和品茗区。还可设置供客人参观和学习的陈列区和体验区。（见图11-2）

主点茶区用于完成主要的点茶技艺操作和展示，位于整个区域的中心，起到聚集和点睛作用，是被关注的焦点。

备茶区用于完成煮水、炙茶、研茶和磨茶等点茶前期准备工作。可以设一个备茶区，放置在主点茶区的左侧或右侧；也可设两个，分别在主点茶区的后侧左右，对称布置。

品茗区用于品鉴茶汤，通常与主点茶区有一定间隔。品茗区设置舒适高雅，独成美的一角。

陈列区用于陈列展示点茶器物，通常设于近门位置，方便客人第一时间观赏了解相关器物。

体验区用于让客人体验点茶手法，通常设于与主点茶区相对的区域，方便观摩学习。体验区应为每位客人配备一套完整的点茶套组。

图11-2 现代点茶的空间布局：点茶展示主点茶、备茶区示意图（图①）；备茶区细节（图②）；品茗区（图③）；陈列区（图④）；体验区（图⑤、图⑥）

2. 空间元素

分区设置后,需充实各区域空间,空间元素的作用在此时凸显。空间元素应设置合理有序,高雅美感,能体现点茶主题内涵。(见图11-3)

现代点茶源于宋代点茶,两者的精神内核和审美标准仍有一致性。现代点茶常用的空间元素有插花、焚香、书画等。

同时,点茶器物和家具也可成为空间元素,丰富点茶空间。如工艺精湛的茶盏和盏托、材质高端的茶碾、造型古朴的茶磨和茶罗等,还有简洁具有禅味的蒲团及宋风家具等。

此外,还可依据主题表达需要,设置个性化空间元素。

3. 空间色彩搭配

色彩是空间设计中不可或缺的元素。与盛唐追求色彩丰富的审美标准相比,宋代的美学思想平淡含蓄,茶具和点茶场景色彩也深受这一审美倾向的影响,普遍呈现朴素、冷静的平淡美。色彩上以白、棕、黑、青、黄、灰为主。

现代点茶茶空间色彩搭配沿用宋代点茶色彩偏好,尽量避开亮丽的色彩,选用低饱和度的颜色,原木色、黄色、棕色、白色、浅灰是不错的选择。低调的色彩可以让空间呈现出平淡、纯粹、含蓄的氛围。同时,可以适当运用冷色调进行点缀,如绿色植物或蓝色灯光,以增加空间的层次感和活力。若是商业性质的点茶展演,色彩的搭配还要考虑与商业品牌调性的契合度,以体现品牌的独特气质。

4. 空间照明设计

照明是空间氛围营造的重要因素。点茶展演空间的照明设计要兼顾功能照明和氛围照明。功能照明主要满足点茶技艺展示的照明需求,如主点茶区的灯光,应明亮又不失柔和;氛围照明则更多地用于营造舒适、温馨的空间氛围,如利用柔和的灯光营造出宁静的品茗环境。此外,还可以通过灯光的变化来营造不同的主题氛围,如根据点茶表演内容调整舞台灯光。

5. 风格定位与主题表达

点茶空间的设计应具有明确的风格定位和主题表达。例如,可以选择中式古典风格或现代简约风格作为整体风格。若是商业展演,需结合品牌文化和产品特点进行主题表达。明确的风格定位和主题表达可以增强空间的辨识度和品牌特色,使顾客在品味茶香的同时也能感受到品牌的独特魅力。

图11-3 点茶空间元素

第二节　点茶装束设计

知识要求：

　　宋代男子点茶服饰。

　　宋代女子点茶服饰。

　　宋代点茶的妆容和造型。

　　点茶装束搭配原则和方法。

技能要求：

　　能进行舞台及重要接待的点茶装束搭配。

　　能进行大中小型茶会及主题雅集的点茶装束搭配。

　　能进行生活化的点茶装束搭配。

　　点茶，作为宋代主流茶饮方式，是宋人日常生活中不可或缺的风雅之事，因此点茶也成了当代人们领略风雅宋韵的重要载体。每次点茶时，点茶师不仅要根据所在的场所选择适宜的器具进行布置，还要选择合适的服饰和妆容。

　　总的来说，点茶服饰风格建议"素雅简约"，可以选择现代茶服或者新中式服装，穿着简便，易于活动，更加适应现代人的行为活动需求；还可以选择传统宋制服饰或者带宋风元素的服饰，以茶为媒，以服为介，更好地连接古今，还原宋代点茶风貌，沉浸式感受风雅宋韵。

一、宋代点茶的服饰选择

　　宋代是崇尚儒学的文人型社会，男子衣冠制度逐渐向儒家审美靠拢，大有"复古"之势。男装礼服、常服承担起政治符号的职能，女装在礼服上对"复古"有所回应，但常服则更趋于世俗化、生活化，体现出时尚便捷的特点。

　　在宋代常服中，男子的日常服饰，不仅有延续了唐五代以来由胡服演变而成的圆领衫，还有多兼顾有汉民族形制特征的交领右衽衫和直领对襟衫；女子的日常服饰，则采用直领对襟式样，兼具宽袖和窄袖两种风格，对应不同的场合需要。宽袖具有礼仪化、程式化的造型特点，侧重符号意义及精神价值；而窄袖则从生活的实际需要出发，更注重实用功能，趋于世俗化、生活化。

在现代展示宋代点茶时，需要根据实际应用场景来选择服饰，但主要还是应以宋代日常服饰为主，符合让点茶生活化的理念。当然，在一些特别重要的场合，可选取带有礼仪属性的常服或者礼服。

（一）男子点茶服饰

1. 生活化常服

可参考宋徽宗赵佶所作的《文会图》。宋徽宗一生爱茶，常在宫廷以茶宴请群臣、文人，有时兴至还亲自动手烹茶、斗茶取乐。宋徽宗曾亲自著茶书《大观茶论》以论茶道，上行下效，使品茶之风盛行。《文会图》便描绘了当时文人会集宴饮吃茶、饮酒的盛大画面（见11-4/①）。

这种生活化场景中，文人服饰的上衣主要以半臂长衫搭配交领长衫、窄袖圆领袍搭配中衣为主，下裳主要为宋裤或者中裤，腰间搭配革带或者宫绦，网巾束发或者戴幞头。仆人则多穿交领长衫或窄袖圆领袍，搭配宋裤或中裤，腰间系带，有束发，但不戴冠帽。《女孝经图》中的交领长衫，是百姓生活中最常见的男子服饰（见图11-4/②）。

以上服饰搭配均适用于生活化的点茶场景。更多服饰搭配参考请见表11-2、表11-3。

2. 舞台化常服

可参考宋徽宗赵佶所作的《听琴图》。画中宋徽宗在中间抚琴，听者三人，左侧仰观者是王黼，身边一童子蓬头拱手而立，右侧俯首恭听者即蔡京。

宋徽宗所穿服饰是典型的道士服样式，上衣对襟衫交领素布衫，下裳深褐色环裙，外套大氅，四周镶有黑边，束发头簪黄冠（见图11-4/③）。坐着的两位听琴者所穿服饰为公服搭配汗衫，腰束革带，束发头戴纱织幞头。公服又名"从省服"，以曲领大袖和腰间束革带为主要形式，有宽袖广身和窄袖紧身两种款式。画中位居左侧的王黼身穿宽袖广身，搭配深色交领汗衫（见图11-4/④）；右侧的蔡京则是窄袖紧身，内搭米色交领汗衫（见图11-4/⑤）。侍立的童子身着窄袖圆领衫搭配宋裤，腰系带，服饰与《文会图》仆人相同。

以上服饰搭配均适用于舞台化点茶场景。更多服饰搭配参考请见表11-1。

3. 礼服

可参考《宋徽宗坐像轴》或《五百罗汉图·应身观音》。

《宋徽宗坐像轴》中宋徽宗身着公服圆领袍，腰系大带，头戴展脚幞头（见图11-4/⑥）。《五百罗汉图·应身观音》中的佛家弟子身着宋制阑衫，腰系宫绦，头戴儒巾（见图11-4/⑦、⑧）。以上服饰搭配均为圆领袍衫内搭中衣，袖宽衣长，能遮住下裳，腰系革带或宫绦，头戴冠帽，配玉佩。此类搭配可作为礼服，在重要的点茶接待及展演场合使用。

以上服饰搭配均适用于重要接待或复原点茶场景。更多服饰搭配参考请见表11-1。

图11-4 古代绘画中的男子点茶服饰：生活化常服（图①、②）；舞台化常服（图③—⑤）；礼服（图⑥—⑧）

（二）女子点茶服饰

1. 生活化常服

宋代妇女的装束，最常见的为长短褙子搭配宋抹，下穿褶裙或宋裤，头梳高髻或戴冠。除了北宋时曾一度流行的大袖衫襦、肥阔的裙裤外，窄、瘦、长、奇是这一时期妇女服装的主要特征，一改汉唐宽衣博带之风，追求修身适体，凸显宋代女子纤丽、端庄与清秀之美。

女童或侍女则穿窄袖圆领衫或交领长衫搭配宋裤，腰间系带或围裳。这一类服饰形象在许多宋代画作中均有出现，服饰可参考南宋刘宗古《宋瑶台步月图》（见图11-5/①）、宋佚名《杂剧打花鼓图册页》（见图11-5/②）、南宋佚名《歌乐图》（见图11-5/③）。

以上服饰搭配均适用于生活化点茶场景。更多服饰搭配参考请见表11-2、表11-3。

2. 舞台化常服

在宋代有非常多优秀的仕女画作，透过画作我们得以窥见宋代人们的日常生活，也了解到更多精美的女子服饰款式。这些仕女画作中的服饰就非常适合用于舞台或中小型的宋代点茶展示。（见图11-5/④—⑦）

值得推荐的服饰穿搭有三种：第一种为上衣交领两件叠穿，下搭褶裙，外系围裳，配以绶带或玉佩；第二种为外穿半袖长褙子内穿短褙子，搭配宋抹，下搭褶裙或旋裙，外系围裳；第三种为上穿短褙子，内搭宋抹，下穿旋裙或褶裙，短褙子可系进裙内，外系围裳，还可以根据需要搭配披帛装饰。

以上服饰搭配均适用于舞台化点茶场景。更多服饰搭配参考请见表11-1。

3. 礼服

《宋仁宗皇后像》中曹皇后头戴九龙纹钗冠，面贴珠钿，翟衣绶带用环佩。身侧侍女头戴一年锦花冠，面贴珠钿，外穿宋圆领内搭交领中衣，腰系革带，下穿褶裙。（见图11-5/⑧）

曹皇后所穿便是当时的礼服，现代点茶场景如果需要，可以穿着宋制命妇服饰用作礼服。除此之外，在舞台化常服的基础上，外搭大袖衫及霞帔，使其作为礼服，也是非常合适的。

二、宋代点茶的妆造选择

宋代是中国妆发史上的一个分水岭，从顺应自然到受约于理学，从夸张不羁到讲究细节，审美的趋势也由天伦转向人伦。宋代妇女的面妆大多摒弃了唐代浓艳的红妆与各种另类的时世妆和胡妆，变得相对含蓄起来，妆面和发型都偏向于精致淡雅。这也恰好与宋代女子的苗条身材相协调，愈发突出宋女的纤丽、端庄与清秀之美。

图11-5 古代绘画中的女子点茶服饰：生活化常服（图①—③）；舞台化常服（图④—⑦）；礼服（图⑧）。图⑨—⑬为现代点茶活动中常见服饰搭配

（一）妆容

1. 珍珠妆

珍珠妆就是宋代女子在两鬓、眉间还有面颊贴上珍珠妆饰的化妆技术，属于花钿妆的一种。在古代，珍珠是身份和地位的象征，宋代人十分喜欢珍珠，因为珍珠具有儒雅之气，只有达官贵胄及宫廷女子才能使用珍珠妆。在宋代各种重大礼仪场合上，为了彰显身份和地位，大多采用珍珠妆。（见图11-6、11-7）

图11-6 宋人珍珠妆

图11-7 现代人珍珠妆

2. 北苑妆

北苑妆源自南唐时期，是一种将茶油花子贴在额头上的化妆方式。（见图11-8）

"花子"指女子脸部的装饰品，以彩色光纸、绸罗、蝉翼、蜻蜓翅等为原料，染成金黄、霁红或翠绿等色，剪作花、鸟、鱼等形，贴于额头、酒靥、嘴角、鬓边等处。"茶油花子"是以茶油为原料的花饼，呵气加热后可贴在脸上，据说是南唐后主李煜为妃嫔宫人想出的一种新鲜的饰品。他将福建建阳进贡的茶油制成大小形状各异的花饼，令各宫嫔淡妆素服，将花饼施于额上。因此这种妆容被称为"北苑妆"。

妃嫔宫人，自李煜创"北苑妆"以后，都去了浓妆艳饰，穿起缟衣素裳，鬓列金饰，额施花饼，行走起来衣袂飘扬，远远望去似广寒仙子般，别具风韵。

这种化妆方式在唐代时期有所发展，成为一种时尚妆容，被称为"时世妆"。到了宋代，随着化妆内容的不断丰富，人们对妆容的需求开始向养颜和调整皮肤状态方面发展。但北苑妆作为一种传统的化妆方式，在宋代仍然被保留和传承。

图11-8 现代人北苑妆

3. 檀晕妆

这种妆面是先以铅粉打底，再敷以檀粉（即把铅粉与胭脂调和在一起），面颊中部微红，逐渐向四周晕染开，是一种非常素雅的妆饰。

以浅赭薄染眉下，四周均呈晕状的面妆也称为"檀晕妆"，唐宋两代都很流行，宋代皇后亦有作此妆容。（见图11-9、11-10）

图11-9 宋佚名《却坐图》中的皇后妆容

图11-10 现代人檀晕妆

4. 白妆、淡妆

妆面白净，面部涂抹少量胭脂或者不施胭脂，在额头、鼻梁、下巴等处还会特别提亮，唇色浅淡或涂抹无色胭脂，眉形纤细。

（二）眉妆

在宋代时期，女性眉妆展现出独特的艺术魅力，其风格纤细秀丽，蕴含端庄典雅的气质。相较于前代，宋代女性在眉妆材料的使用上实现了重要革新，传统的"黛"逐渐被"墨"所替代，这标志着画眉技艺的显著进步。在画眉技巧上，她们沿袭了前人的传统，先细心修剪原有眉毛，再以墨精心描绘，画出理想的眉形。

在这一时期，长蛾眉成为眉妆的主流趋势，无论是宫廷中的嫔妃还是民间的普通女子，都倾向于将这种复古的长蛾眉作为自己的妆容特色。

此外，宋代女性的眉妆形式丰富多样，包括一字眉、浅文殊眉、出茧眉以及倒晕眉等多种眉式。其中，倒晕眉以其独特的韵味脱颖而出，它将眉毛画成宽阔的月形，并在一端巧妙运用晕染技法，使颜色从深到浅逐渐过渡，直至自然消散，展现出别具一格的美感。

值得注意的是，倒晕眉、横烟眉、却月眉这三种眉式均源自唐代，这表明宋代女性在眉妆上既继承了唐及五代的传统，又在此基础上融入了更为清秀的元素。此外，鸳鸯眉作为一种形状如"八"字的眉式，也为宋代的眉妆艺术增添了一抹别致的风采。

（三）造型

1. 发式

在宋代，女性发式在承继前代的基础上，焕发出独特的韵味。总体而言，可大致划分为高髻与低髻两大类别。高髻，以其高贵典雅之风貌，深受贵族女性的喜爱；而低髻，则更贴近民间风情，为平民妇女所青睐。

其中，朝天髻是宋代极为盛行的一种高髻样式。与前朝相仿，此发式需巧妙融合真发与假发，方能展现出理想的效果。在大城市中，女性们对高大挺拔的发式情有独钟，因此假发在当时极为流行，专门的假发店铺也随之应运而生，满足了女性们对美的追求。而同心髻则是一种相对简约的发式。只需将秀发梳理至头顶，轻轻挽成一个圆形发髻，便呈现出别样的韵味。

此外，还有芭蕉髻、双翻髻、丫髻、双螺髻、盘福龙髻等多种发式，各具特色，展现了宋代女性在发式艺术上的独特创造力与审美追求。

2. 发饰

在宋代，女性发饰虽在一定程度上沿袭了唐代的风格，却也不乏创新之举，种类繁多，诸如飞鸾走凤、七宝珠翠、花朵冠梳等，琳琅满目。这些发饰多采用金、银、珠、翠等珍贵材质精心打造，形态各异，有的如花朵般娇艳，有的似鸟儿般轻盈，更有凤凰展翅，蝴蝶翩翩，插于发髻之上，为女性平添了几分妩媚与风韵。

尽管宋代女性在发髻上插梳的数量有所减少，但梳子的体积却日渐增大。尤其在宋仁宗时期，宫中流行的白角梳，其长度多超过一尺，与之相匹配的发髻也高达三尺，尽显高贵之气。

珍珠在宋代备受青睐，不仅用于妆容的点缀，还广泛应用于发饰等饰品的设计之中。在宫廷之中，女性的地位与所佩戴的珍珠数量息息相关。例如，皇后的冠上便饰有二十四颗珠花，并配以金龙翠凤，这就是独具特色的"龙凤冠"。而一般的命妇则只能佩戴装饰有不同数量珠花的"花钗冠"，以彰显其身份地位。

除珍珠外，宋代女性还酷爱在发髻上装饰彩带和花朵。特别是插戴花朵的风气，在宋代极为盛行。女性们会根据季节的变换，精心挑选不同的花朵来装点自己的发髻。这一风尚不仅促进了鲜花市场的繁荣，还催生了假花装饰的兴起，为女性的发饰增添了更多的选择。

总体而言，宋代女性妆饰在继承前朝传统的基础上，融入了诸多新的元素和特色。尽管当时的社会风气较为保守拘谨，服饰和妆饰风格趋向朴实自然，但女性的整体造型依然给人一种清新脱俗、自然雅致的感觉。

三、点茶装束搭配建议

1. 舞台及重要接待的点茶装束

表11-1

序号	角色		服饰	妆容	造型	鞋履
1	男	主人	公服圆领袍 + 交领长衫 + 宋裤 + 革带 襕衫 + 交领长衫 + 宋裤 + 宫绦	自然	垂角 / 交角幞头 + 簪花	翘头履 / 皂靴
2		副手	长褙子 + 交领长衫 + 衬裤 + 宫绦 半臂长衫 + 交领长衫 + 衬裤 + 宫绦	自然	东坡巾 / 老人巾 + 簪花	翘头履
3		茶童	交领长衫 + 宋裤 + 宫绦 窄袖圆领袍 + 中衣 + 宋裤 + 腰带	自然	老人巾 + 簪花	平底布鞋
4	女	主人	大袖衫 + 短衫 + 抹胸 + 褶裙 + 直帔 披衫 + 短衫 + 抹胸 + 褶裙 （可加耳饰）	珍珠妆 / 北苑妆	云尖巧额 + 金冠	翘头履
5		副手	长褙子 + 短衫 + 抹胸 + 褶裙 半袖衫 + 长褙子 + 抹胸 + 褶裙 （可加耳饰）	檀晕妆	顶髻云鬟 + 花冠	弓鞋
6		茶童	长衫 + 抹胸 + 宋裤 + 抱腹 窄袖圆领袍 + 中衣 + 褶裙 + 抱腹	白妆	双丫髻 / 双螺髻	绣花鞋

单人舞台, 着装可按照主人或副手的着装。

双人舞台, 着装可按照主人和副手、主人和茶童、副手和茶童三种搭配着装。

三人及多人舞台, 着装可按照角色具体人数进行搭配着装。

2. 大中小型茶会及主题雅集的点茶装束

表11-2

序号	角色		服饰	妆容	造型	鞋履
1	男	主人	衣裳 + 大氅 + 玉佩 长褙子 + 交领长衫 + 衬裤 + 宫绦	自然	儒巾 / 东坡巾	方头履
2		副手	窄袖圆领袍 + 中衣 + 宋裤 + 宫绦背 心 + 交领长衫 + 衬裤 + 宫绦	自然	平定四方巾	平底布鞋
3		茶童	窄袖圆领袍 + 中衣 + 宋裤 + 腰带	自然	老人巾	平底布鞋

（续表）

序号	角色		服饰	妆容	造型	鞋履
4	女	主人	披衫 + 短衫 + 抹胸 + 褶裙 半袖衫 + 长褙子 + 抹胸 + 褶裙 （可加耳饰）	珍珠妆 / 北苑妆	云鬟高髻 + 大梳风簪 大额方髻 + 包髻 / 簪花	翘头履
5		副手	褙子 + 短衫 + 抹胸 + 宋裤 背心 + 长衫 + 抹胸 + 褶裙 （可加耳饰）	檀晕妆	团髻 + 包髻 小髻 + 簪花 / 发带	弓鞋
6		茶童	窄袖圆领袍 + 中衣 + 宋裤 + 抱腹	白妆	双丫髻	平底绣花鞋

3. 生活化的点茶装束

表11-3

序号	角色		服饰	妆容	造型	鞋履
1	男	春 / 秋季	窄袖圆领袍 + 宋裤 + 宫绦 交领长衫 + 宋裤 + 宫绦	自然	老人巾	方头履
2		夏季	半臂圆领袍 + 宋裤 + 腰带	自然	老人巾	平底布鞋
3		冬季	长袄 + 交领长衫 + 中衣 + 衬裤 + 宋裤 + 宫绦	自然	老人巾	平底布鞋
4	女	春 / 秋季	长褙子 / 长衫 + 抹胸 + 宋裤 + 褶裙 窄袖圆领袍 + 中衣 + 宋裤 + 宫绦	淡妆	低髻 + 簪花	翘头履
5		夏季	短衫 + 抹胸 + 旋裙 背心 + 抹胸 + 褶裙	淡妆	小髻 + 发簪	弓鞋
6		冬季	长袄 + 长衫 / 短襦 + 抹胸 + 衬裤 + 褶裙 / 旋裙 + 围裳	淡妆	低髻 + 发簪	平底绣花鞋

第十二章
高级点茶师的茶艺服务

高级点茶师的茶艺服务需要完成一场完整的主题点茶表演,包括主题设计、点茶表演、主题阐述以及品鉴服务。

主题点茶表演具有特定的主题,通过具象化和抽象化的语言来展示和演绎主题。具象化语言指用茶器、茶具、装饰物等看得见的物品或茶席设计摆放来表达主题。抽象化语言即用点茶的操作过程,点茶空间氛围的营造,点茶师的身、眼、手和言等来传达主题。主题点茶表演属于茶艺表演范畴,在形式和内容上与茶艺表演的要求一致。

主题展演适用于专业茶会交流和表演,及点茶师职业技能竞赛等领域。

第一节　茶艺表演的构成和要素

茶文化的形成与发展历程,是茶艺与茶艺表演发展完善的过程。茶文化兴于唐,其间没有从事茶艺表演的专职,但已出现相关记载,如唐代《封氏闻见记》中提道:"御史大夫李季卿宣慰江南……或言伯熊善茶者……伯熊着黄被衫、乌纱帽,手执茶器,口通茶名,区分指点,左右刮目。"唐代御史大夫李季卿代表皇帝视察江南时,曾请常伯熊表演煮茶(手拿茶器,口说茶名),其间约略可见茶艺表演的雏形。茶圣陆羽在《茶经》中对选茗、蓄水、置具、烹煮、品茗等进行细致描述,制订整套茶艺程序,赋予茶事活动以艺术形式和丰富的内涵。

宋代以"点茶"为主要饮用方式,盛行"茶百戏"——"近世有下汤运匕,别施妙诀,使汤纹水脉成物象者,禽兽虫鱼花草之属,纤巧如画。但须臾即就散灭。此茶之变也,时人谓之茶百戏"(北宋陶谷《荈茗录》)。"茶百戏"可说是一种茶艺竞技表演的形式。上述相关记载,说明至少自唐代以来,茶艺表演已形成一定程式。

发展至今,随着国家"一带一路"倡议的提出,茶文化的传承与推广日益受到重视,各种类型的茶艺表演成为普及茶文化的最佳载体。

一、茶艺表演的构成

通常,茶艺表演包含三部分内容:主题、茶艺展示、综合艺术表现。

(一)主题

主题是茶艺表演的核心与主旨所在,贯穿于整个茶艺表演的结构布局、材料筛选、表演策划等各个环节之中。茶席、服装、道具、音乐及场景的设计均需与主题紧密相连,形成一体化的艺术呈现。主题一旦明确,茶艺表演中的其他各项要素亦将随之确定,共同服务于主题。

茶艺表演的目的,并非仅仅追求审美上的愉悦,而更在于其蕴含的美育价值。一个优秀的茶艺表演作品,主题必须具有一定的审美教育意义,能够在观众欣赏场景之优美、道具之精致、服饰之华美的同时,触动其内心情感,引发共鸣,进而实现情感的净化与道德的提升。

(二)茶艺展示

茶艺展示是茶艺表演的基础。在明确主题之后,依据主题的需求,选定冲泡的茶叶、技法及流程等。茶叶的选择,大致可归为三类:一为六大基本茶类,二为再加工茶类,三是调配茶类。冲泡表现手法多样,当代常见的冲泡手法有杯泡法、盖瓯泡法及壶泡法三类。而历史中,则有煮、煎、点、泡四类,以及各民族民俗中一些独特的冲泡方式。

在茶艺展示的过程中,茶的冲泡流程必须顺应茶叶的自然属性,以确保茶叶的色、香、味得以充分展现。冲泡手法因时代、民族及民俗的不同而有所差异,不可混为一谈,同时还应避免生硬模仿。例如,在宗教禅茶茶艺中,坐禅过程一般至少持续二十分钟,但在茶艺表演编排时,需适当缩短时间,以免让宾客等待过久。

(三)综合艺术表现

1. 茶席、场景

茶席是指茶艺表演活动中所必需的冲泡点茶器具和操作台等设施,还包括为操作台与表演场地特别设计的装饰品、道具等物件,旨在营造出特定的意境或艺术氛围。对茶席的要求古代便已存在,例如宋代所流行的点茶、焚香、插花、挂画四艺,正是当时文人雅士追求高雅生活情趣的体现。

在当代茶艺表演中,为增强艺术表现力与感染力,人们还需要对整个表演场景进行精心设计,巧妙运用灯光、布景及LED屏幕等元素。场景的选择既可位于室内,亦可在室外,依托自然风光达到最佳的艺术效果。

2. 礼仪、身形与手法

礼仪与身体语言的运用是茶艺表演中至关重要的构成元素。表演者借助肢体动作、手法技巧、声音表达及面部表情,将主题情节与冲泡艺术淋漓尽致地展现出来,这无疑是茶艺表演中不可或缺的一环。

礼仪，作为人际交往中的一种艺术性表达，在茶艺表演中主要体现在表演者的出入场仪态及敬茶环节的表情与体态上。在表演过程中，表演者需展现出亲切自然的表情，透露出优雅、端庄且大方的气质。女性表演者出入场时，应收腹挺胸，双臂自然摆动，或双手以虎口相交，轻置于上腹部，步伐须轻盈优雅；男性表演者则应步伐稳健，摆臂自然，流露出自信的风采。在冲泡表演中，女性表演者的动作需圆润柔和，轻盈流畅，优美且娴熟，体现韵律美，为观众带来赏心悦目的视觉享受；男性表演者的动作则需简洁有序，避免造作，展现出平稳深沉的气质。

此外，茶艺表演还可根据情节需要，创编具有艺术表现力的动作姿态，使节目更加新颖独特，充满艺术魅力与观赏性。

3. 服装

服装是塑造茶艺表演者外在形象、彰显演出风格的关键要素之一。在主题茶艺表演的服装选择上，需遵循以下原则：

首先，服装必须符合特定的历史时代背景及民族民俗风格的要求。其次，服装需与表演者所塑造的角色形象相契合。再者，服装的设计不应妨碍表演者的动作展现，例如袖口的设计应避免过大，以确保不影响冲泡或点茶的操作。最后，整体服装风格需保持一致，以满足观众的审美期待。

4. 文学、音乐、书法、绘画等

文学在茶艺表演中扮演着多重角色。首先，它涉及主题的构思。表演者通过选取生活史实、传说故事、茶诗茶联等文学素材，对主题进行艺术化创作。其次，文学能为茶艺表演凝练恰如其分的主题名称。最后，通过撰写解说词，它以文字形式对表演内容进行补充和阐释。

音乐则如同茶艺表演的灵魂，它不仅能够营造氛围，完善结构，协调动作，还能深化主题，使表演更加引人入胜。茶艺表演的动作须与音乐的节奏紧密相连，所选的音乐应能巧妙融入表演动作之中，实现声音与形态的完美融合。同时，一曲优美动人的轻音乐，还能为观众带来视觉之外的审美享受。在茶艺表演中，通用的做法是选用清新流畅的江南丝竹类民乐。而对于有特定主题的表演，则可根据所要展现的内容来选择相应的音乐，如仿古茶艺可配以相应朝代的古曲，宗教茶艺可选用梵音神曲，民俗茶艺则可采用当地民族民间音乐，至于创意茶艺，则需结合主题内容来精心挑选音乐。

此外，书法与绘画也可作为背景装饰，为茶艺表演增添艺术气息。音乐、书法、绘画等多种艺术形式可巧妙融合于茶艺表演之中，使整个节目更加丰富多彩，充满艺术活力。

茶艺表演作为中华茶文化的重要组成部分，在传承历史悠久的茶文化基础上，广泛汲取了其他艺术形式的精髓。当代茶艺表演的内涵已超越了单纯的赏茶、饮茶，而升华为一种舞台表演艺术。它既源于生活,又高于生活,是一种以茶的泡饮过程为媒介,蕴含丰富主题内容的综合性艺术表现形式。茶艺表演的演变,不仅体现了中国茶人对艺术美的不懈追求,也是中华茶艺发展的必然结果。

二、茶艺表演的要素

1. 人

在茶艺表演中,点茶师作为核心要素,扮演着举足轻重的角色。在实际展示过程中,点茶师不仅能够品鉴茶叶,精准挑选泡茶所需的水源,还要熟练掌握行茶、品茶等技艺。他们有能力唤醒茶的灵魂,并巧妙地营造出品茶的意境,从而有效地传递茶文化的精神内涵,进一步推动茶的经济价值与美学价值的实现。

同时,点茶师在表演中通过动静相宜的手法,以及泡茶、点茶等技艺的展示,将中国优秀茶文化的独特价值与魅力展现得淋漓尽致。这样的表演不仅促进了中华优秀传统文化的传播,还极大地提升了茶艺表演的整体效果。

2. 茶

在茶艺表演中,茶作为最核心的要素,发挥着举足轻重的作用,无论是设计点茶环境还是编排茶艺流程,均需围绕茶这一核心展开。中国茶种类繁多,各具特色,如黑茶的浓郁、白茶的清淡、红茶的醇厚等。在表演过程中,点茶师的一切行为都需基于茶的特性,不仅要正确选择泡茶之水的质与量,还需根据茶的理化特性和外形来精心挑选茶具,并合理掌控泡茶与点茶的时间,从而提升茶艺表演的整体效果。

在点茶茶艺表演中,尤其要注意茶叶制成饼、磨成粉后的茶性和茶理。优选与主题需求相匹配的茶类,来完成更高要求的点茶茶艺表演。

3. 水

在茶艺表演的过程中,水作为能影响茶汤品质的重要因素,其选择不容忽视。因此,我们必须注重泡茶与点茶时所用水的质量,优选高品质的水。同时,还应在茶艺表演中巧妙运用水元素,展现出独特的表演效果。

4. 器

在茶艺表演里,茶器是不可或缺的组成部分,其材质与体积等因素对茶的最终品质有着直接的影响。挑选合理且适宜的茶器,能使泡茶、点茶及品茶过程达到更佳的效果。

5. 境

在茶艺表演中,最具艺术氛围的要素当属"境"。借助这一要素,茶艺表演能够营造出优雅的环境，使品茶者在精心打造的品茶氛围中，充分领略并感受到茶艺所蕴含的生活美学，进而体悟到茶艺深层的哲理之美。现代茶艺表演中，表演环境不仅融合了焚香静心、插花添趣等多种设计元素，还体现了茶与音乐的和谐统一，出色地展现了茶艺表演的独特魅力，引领观众沉浸于美妙的茶艺情境之中，深切体会文人墨客历史悠久的审美情趣及独特的生活方式。

6.艺

在茶艺表演的过程中，"艺"指艺术技巧。艺术技巧扮演着重要的角色，它是技术含量最高、最注重技艺精湛的要素之一。艺术技巧涵盖广泛，不仅体现在茶艺表演的优雅动作与悠长神韵上，还包含表演编排的深层内涵，及服装与道具的美学设计。在表演过程中，点茶师必须确保动作既规范又精准，唯有如此，方能有效传达出行茶过程中的神韵之美。同时，点茶师还需使身心宁静、和谐，以保持体态的庄重与动作的舒展自如，从而更好地展现出充满意境与韵味的泡茶或点茶流程。

第二节　点茶主题设计

知识要求：

　　茶叶、茶粉知识。

　　茶文化、茶故事知识。

　　茶席设计知识。

　　主题词写作知识。

技能要求：

　　能从茶粉特性、文化表达、故事叙说等方面构思点茶展演主题。

　　能根据主题内涵创设茶席。

　　能根据主题内涵创作主题词。

主题不仅是茶艺表演的灵魂，还是茶艺作品的价值所在，良好的主题可以为观众带来思想方面的共鸣，以及更好的艺术感染力，并进一步引发观众深入思考。

现代点茶主题设计可以从多个方面入手。可以是茶风茶俗、茶人故事、地域茶情、自然风光、茶文化起始和流变或某些抽象的茶文化现象，也可以根据现代社会发展的实际情况、家国情怀等确定主题。甚至还可以根据自身经历，表达自身的真实情感，体现出以茶传情的美好特征，进一步达到以情动人的效果，提升点茶展演的影响力和效果。

一、点茶主题设计原则

1. 文化传承原则

点茶展演作为文化传承的载体，其主题设计应紧紧围绕点茶文化的核心价值。通过深入挖掘点茶文化的历史渊源、发展脉络以及精神内涵，将传统与现代相结合，展现点茶文化的独特魅力。主题设计应注重体现点茶文化的精神内核，如禅意、雅致、和谐等，使观众在欣赏展演的同时，感受到传统文化的韵味与底蕴。

2. 艺术审美原则

点茶展演作为艺术表演的一种形式，其主题设计应符合艺术审美原则。在设计中要注重色彩搭配、构图布局、音乐选择等方面，使展演在视觉和听觉上都能给观众带来美的享受。同时，要关注时代审美趋势，将现代审美元素融入传统文化中，使展演更具时代感和现代性。

3. 情感表达原则

点茶展演是情感表达的载体，在主题设计中应通过多种形式融入要表达的情感。如以茶人故事作为主题，则可通过讲故事的方式，将人物生平与事迹在情节展示中交代给观众，使观众接收到丰富的人物信息，感受到饱满的情感体验。还可融入音乐、舞蹈等艺术形式，将茶人的精神特质传递给观众，使他们在情感上产生共鸣。另外，可以在主题设计中设置互动环节，增强观众的体验感，充分输送茶情茶感。

4. 创意表达原则

在传承文化的基础上，点茶展演的主题设计应注重创意表达。点茶需与现代生活关联，对年轻一代产生吸引力，才可能大举复兴并生生不息。创新是传统文化得以发展的必经之路。在点茶展演主题设计上，融入更多现代创意，可使一个点茶展演作品焕发出勃勃生机。

值得注意的是，创新性是点茶发展的客观要求，继承性是点茶创新的必要前提。创新是在批判继承的基础上，编创适应当代社会生活需要，符合当代审美要求的主题点茶表演。继承与创新应相互统一，万变不离其宗。

在创新主题的表达上，可通过独特的创意和设计，将点茶文化与现代审美相结合，打造出别具一格的展演形式。如利用舞台布景、灯光音效、服饰妆造、表演形式的独特设计，使展演更具吸引力和观赏性。

二、点茶主题设计题材

（一）以茶人为题材

在几千年的茶文化发展史上，出现了诸多有名茶人，可将这些茶人作为主题题材。

1. 宋徽宗

宋徽宗赵佶，作为宋代的第八位皇帝，在艺术、书画、茶道以及美学领域有着非凡的成就。他亲自撰写的《大观茶论》是历史上唯一一部由帝王所著的茶书，这部著作不仅展现了宋徽宗深厚的茶文化造诣，更推动了宋代茶道美学的发展，使茶文化达到了前所未有的高度。

2. 苏轼

苏轼，是中国历史上一位罕见的通才，他的才华横跨文学、哲学、佛学、医学、教育、经学、美食及茶道等多个领域，被誉为北宋中期的文坛领袖，是唐宋八大家之一。

《叶嘉传》是苏轼为茶立传的一篇杰作。他巧妙地将茶叶拟人化，通过讲述茶叶的来龙去脉、经历及性格等，生动地描述了北苑贡茶的采摘、制造、品质、饮法等各个环节与特色。在这篇传记中，苏轼赋予茶深刻的茶道思想属性，用茶的品性来阐述君子人格，如养高不仕、好游名山、植功种德、少植节操、天下英武之情等，这些都表达了茶叶的生长环境与特性，以及茶人所追求的精神内涵——崇尚自然、淡泊名利等。

3. 蔡襄

蔡襄，是北宋时期的一位杰出大臣，不仅在政治上有所建树，更在书法领域达到了极高的造诣，与苏轼、黄庭坚、米芾并称为"宋四家"，是书法史上的重要人物。蔡襄的成就远不止于此，他还是一位深谙茶道的茶学宗师，是宋代茶文化的杰出代表人物之一。

在茶道方面，蔡襄的贡献同样卓越。他撰写的《茶录》一书，是宋代茶书中的经典之作，继陆羽《茶经》之后，对后世论茶专著产生了深远的影响。在《茶录》中，蔡襄详细阐述了茶的色、香、味、形等品质特征，以及品茶的方法和技巧，为宋代及后世的茶艺发展提供了重要的理论依据。

4. 陆游

陆游，是南宋文学大家、史学家及爱国诗人，自称陆羽后人，对茶痴爱有加。他与茶相关的诗作有300余首，风格多样，既有自然清新，也有悲怆厚重，更有空灵茶禅，审美价值极高。

此外，范仲淹、黄庭坚、陶谷等人，也是宋代茶界重量级代表人物，点茶主题可从其人其事入手，设计完整的主题内涵与表达形式。

🌿 【主题示例1】

主题名称: 茶帝风雅

主题说明: 以一代茶帝宋徽宗为主角, 提炼宋徽宗一生中对茶的情感和贡献, 如七汤法点茶对后世的影响和点茶体系搭建的作用。以讲述、演绎故事的方式, 将帝王对茶事的兴趣与治国理政的重任间的激烈冲突呈现出来, 营造凄美悲壮的美学意境。表达形式包括茶席设计、主题词旁白、背景布置和音乐烘托等。

茶席布局: 用仿宋器物布局茶席, 基本还原宋时茶宴布置。空间装饰重点突显宋风插花、挂画以及熏香。

(二) 以茶性和茶史为题材

茶是整个茶文化活动的中心, 点茶主题相应地也应该以茶为中心, 围绕茶的特性和历史发展来展开。

我国的基本茶类为绿茶、红茶、乌龙茶、黄茶、白茶和黑茶六大类, 这六大茶类中不同等级的茶叶均可用来制作茶粉, 用于点茶。只是因种类和等级的差异, 茶汤呈现出不同的颜色和滋味, 沫饽的丰厚程度也有所区别。

通过对比, 白茶、绿茶、黄茶中的芽茶是更理想的点茶原料。白茶中的白毫银针、白牡丹非常适合制作茶粉, 点出的茶汤沫饽丰富细腻, 兰香高扬, 滋味顺滑清甜; 绿茶因多采摘嫩芽, 鲜爽清香, 在宋代就用来制作龙凤团茶; 黄茶中的黄芽茶以细嫩的单芽或一芽一叶为原料制作而成, 黄小茶也以细嫩芽叶为原料加工而成, 滋味甜醇, 二者都可以制作茶粉。故而针对六大茶类各自的茶性, 可以设计不同的点茶主题。

🌿 【主题示例2】

主题名称: 明前新芽

主题说明: 以西湖龙井茶为主角。特级西湖龙井茶的茶叶扁平光滑挺直, 色泽嫩绿光润, 香气鲜嫩清高, 滋味鲜爽甘醇, 叶底细嫩呈朵。"院外风荷西子笑, 明前龙井女儿红。"清明节前采制的龙井茶简称明前龙井, 美称女儿红。西湖龙井茶与西湖一样, 是人、自然、文化三者的完美结晶, 是西湖地域文化的重要载体。主题选取龙井茶早春采摘时间的象征意义——希望、未来、美好, 从茶本身的特性出发, 结合茶地、茶景、茶人、茶情, 结合龙井茶的象征意义, 以茶寓情, 以情寄人, 将茶升华至精神层面。表达形式包括茶席设计、主题词旁白、背景布置和音乐烘托等。

　　茶席布局：整体色调采用绿色系。茶盏、分茶杯均用茶末釉色，用春季花卉装饰茶空间，整体呈现出欣欣向荣的春日气息。

（三）以茶诗（歌）为题材

　　宋代是中国茶文化蓬勃发展的阶段，茶诗作为宋代文学的一个分支，不仅反映了那个时代的社会风貌，还深刻体现了人们对茶的热爱及对茶文化精髓的领悟。在宋代诗人的笔下，茶超越了简单的饮品范畴，升华为一种生活哲学与文化标志。以茶诗入点茶主题，能使整场茶艺展示既绚烂多姿又意蕴深远，充满艺术感染力。

　　苏轼的茶诗，无疑是中国辉煌茶文化中一颗璀璨的明珠。他一生钟情于茶，精通茶道，其诗词中有大量的篇幅细腻描绘了茶的千姿百态，为我们保存了北宋时期茶风茶俗、茶艺技巧、制茶工艺及茶具文化等多维度的茶文化信息，是一份珍贵的文化遗产。

　　关于点茶，苏轼在《送南屏谦师》一诗中说："道人晓出南屏山，来试点茶三昧手。忽惊午盏兔毛斑，打作春瓮鹅儿酒。天台乳花世不见，玉川风腋今安有。先生有意续茶经，会使老谦名不朽。"

　　关于斗茶，苏轼最经典的作品之一是《西江月·茶词》："龙焙今年绝品，谷帘自古珍泉。雪芽双井散神仙。苗裔来从北苑。汤发云腴酽白，盏浮花乳轻圆。人间谁敢更争妍。斗取红窗粉面。"

　　苏轼的《汲江煎茶》则通过细腻的笔触描绘了煎茶的过程，如"活水还须活火烹，自临钓石取深清"以及"雪乳已翻煎处脚，松风忽作泻时声"，这些诗句不仅展示了苏轼对茶艺的精通，也反映了他对生活的热爱和对美的追求。

　　另有陆游所作的《临安春雨初霁》，细腻刻画了春雨洗礼后的清新景致与人们沉浸于宁静生活的美好场景。诗中"小楼一夜听春雨，深巷明朝卖杏花"及"矮纸斜行闲作草，晴窗细乳戏分茶"之句，流露出诗人对自然美景的无限陶醉及对恬静生活的深切向往。

　　杜耒的《寒夜》中，"寒夜客来茶当酒，竹炉汤沸火初红"一幕，温馨描绘了友人寒夜造访时，以茶代酒、围炉共话的温馨场景，凸显了茶在人际交往中的独特地位。

　　范仲淹的《和章岷从事斗茶歌》则生动再现了宋代斗茶的风尚，其中"众人之浊我可清，千日之醉我可醒"之语，说明通过品茗可以达到心灵净化与神志清醒的高远境界。

　　这些诗作不仅展现了宋代茶文化的多姿多彩，也深刻反映了宋人对茶在健康、社交及文化层面价值的认知。宋人的茶诗，是对茶文化的精妙解读，借由茶这一元素，传达了宋人的生活智慧与文化要求。

【主题示例3】

主题名称：一"点"清欢

主题说明：主题名称中的"点"字一语双关，既指点茶，也指点茶的意境——人生无须拥有太多，一点点清茶野餐的"清欢"即可。主题灵感来自苏轼的词作《浣溪沙·细雨斜风作晓寒》，此词上片写作者早晨游山时所见的沿途景观，下片写作者与同游者以清茶野餐的风味。结构浑成，寓意深刻，洋溢着生命的活力，在色彩清丽而境界开阔的生动画面中，寄寓着作者清旷、娴雅的审美趣味和生活态度，给人以艺术的享受和无尽的遐思。本主题展演意图借用词中的名句"雪沫乳花浮午盏""蓼茸蒿笋试春盘""人间有味是清欢"，表达高雅的审美意趣和旷达的人生态度，展现真正的人生况味是"清欢"这一哲理命题。

茶席布局：用仿宋器物布局茶席，空间装饰重点突显宋风插花、挂画以及熏香。

【知识链接】

龙凤茶
王禹偁

样标龙凤号题新，赐得还因作近臣。

烹处岂期商岭外，碾时空想建溪春。

香于九畹芳兰气，圆似三秋皓月轮。

爱惜不尝惟恐尽，除将供养白头亲。

北苑焙新茶
丁谓

北苑龙茶者，甘鲜的是珍。

四方惟数此，万物更无新。

才吐微茫绿，初沾少许春。

散寻萦树遍，急采上山频。

宿叶寒犹在，芳芽冷未伸。

茅茨溪口焙，篮笼雨中民。

长疾勾萌并，开齐分两均。

带烟蒸雀舌，和露叠龙鳞。

作贡胜诸道，先尝祇一人。

缄封瞻阙下，邮传渡江滨。

特旨留丹禁，殊恩赐近臣。

啜为灵药助，用与上罇亲。

头进英华尽，初烹气味醇。

细香胜却麝，浅色过于筠。

顾渚渐投木，宜都愧积薪。

年年号供御，天产壮瓯闽。

和蒋夔寄茶

苏轼

我生百事常随缘，四方水陆无不便。

扁舟渡江适吴越，三年饮食穷芳鲜。

金齑玉脍饭炊雪，海螯江柱初脱泉。

临风饱食甘寝罢，一瓯花乳浮轻圆。

自从舍舟入东武，沃野便到桑麻川。

剪毛胡羊大如马，谁记鹿角腥盘筵。

厨中蒸粟堆饭瓮，大杓更取酸生涎。

柘罗铜碾弃不用，脂麻白土须盆研。

故人犹作旧眼看，谓我好尚如当年。

沙溪北苑强分别，水脚一线争谁先。

清诗两幅寄千里，紫金百饼费万钱。

吟哦烹噍两奇绝，只恐偷乞烦封缠。

老妻稚子不知爱，一半已入姜盐煎。

人生所遇无不可，南北嗜好知谁贤。

死生祸福久不择，更论甘苦争蚩妍。

知君穷旅不自释，因诗寄谢聊相镌。

临安春雨初霁

陆游

世味年来薄似纱，谁令骑马客京华。

小楼一夜听春雨，深巷明朝卖杏花。

矮纸斜行闲作草，晴窗细乳戏分茶。

素衣莫起风尘叹，犹及清明可到家。

七宝茶

梅尧臣

七物甘香杂蕊茶，浮花泛绿乱于霞。

啜之始觉君恩重，休作寻常一等夸。

尝新茶呈圣俞

欧阳修

建安三千里，京师三月尝新茶。

人情好先务取胜，百物贵早相矜夸。

年穷腊尽春欲动，蛰雷未起驱龙蛇。

夜闻击鼓满山谷，千人助叫声喊呀。

万木寒痴睡不醒，惟有此树先萌芽。

乃知此为最灵物，宜其独得天地之英华。

终朝采摘不盈掬，通犀铃小圆复窊。

鄙哉谷雨枪与旗，多不足贵如刈麻。

建安太守急寄我，香蒻包裹封题斜。

泉甘器洁天色好，坐中拣择客亦嘉。

新香嫩色如始造，不似来远从天涯。

停匙侧盏试水路，拭目向空看乳花。

可怜俗夫把金锭，猛火炙背如虾蟆。

由来真物有真赏，坐逢诗老频咨嗟。

须臾共起索酒饮，何异奏雅终淫哇。

127

双井茶

欧阳修

西江水清江石老,石上生茶如凤爪。

穷腊不寒春气早,双井芽生先百草。

白毛囊以红碧纱,十斤茶养一两芽。

长安富贵五侯家,一啜犹须三日夸。

宝云日注非不精,争新弃旧世人情。

岂知君子有常德,至宝不随时变易。

君不见建溪龙凤团,不改旧时香味色。

和诗送茶寄孙之翰

蔡襄

北苑灵芽天下精,要须寒过入春生。

故人偏爱云腴白,佳句遥传玉律清。

衰病万缘皆绝虑,甘香一味未忘情。

封题原是山家宝,尽日虚堂试品程。

即惠山煮茶

蔡襄

此泉何以珍,适与真茶遇。

在物两称绝,於予独得趣。

鲜香筹下云,甘滑杯中露。

当能变俗骨,岂特澥尘虑。

昼静清风生,飘萧入庭树。

中含古人意,来者庶冥悟。

寄茶与平甫

王安石

穿云摘尽社前春,一两平分半与君。

遇客不须容易点,点茶须是吃茶人。

九曲棹歌

朱熹

武夷山上有仙灵，山下寒流曲曲清。

欲识个中奇绝处，棹歌闲听两三声。

一曲溪边上钓船，幔亭峰影蘸晴川。

虹桥一断无消息，万壑千岩锁翠烟。

二曲亭亭玉女峰，插花临水为谁容。

道人不作阳台梦，兴入前山翠几重？

三曲君看驾壑船，不知停棹几何年。

桑田海水今如许，泡沫风灯敢自怜？

四曲东西两石岩，岩花垂落碧𪢮毵。

金鸡叫罢无人见，月满空山水满潭。

五曲山高云气深，长时烟雨暗平林。

林间有客无人识，唉乃声中万古心。

六曲苍屏绕碧湾，茆茨终日掩柴关。

客来倚棹岩花落，猿鸟不惊春意闲。

七曲移船上碧滩，隐屏仙掌更回看。

却怜昨夜峰头雨，添得飞泉几道寒。

八曲风烟势欲开，鼓楼岩下水潆洄。

莫言此地无佳景，自是游人不上来！

九曲将穷眼豁然，桑麻雨露见平川。

渔郎更觅桃源路，除是人间别有天。

（四）以茶俗为题材

作为一种日常消费饮品，宋代上至天子下至乞丐的社会各阶层皆好饮茶，且因茶与社会生活的方方面面存在关联，因而出现了很多与茶相关的社会现象、习俗和观念。种种观念与习俗不仅为宋代空前繁荣的茶文化奠定了基础，也成为茶文化中出彩的部分，有些观念和习俗还影响至今。现代点茶主题展演可采撷其中一二为主题题材，用立体化舞台表演将其呈现出来，既能复现宋时茶文化之光，又可丰富现代点茶文化。

1. 客来敬茶

客人敬茶习俗基本形成于两晋南北朝之间。两晋之际，北方名士纷纷南下避祸，先南渡者在建康石头城下迎接新南渡者，并设茶饮招待。不过，在两晋，客来设茶还是不太多见的个人行为，开始时甚至很难被人接受。晋司徒长史王蒙好饮茶，经常设茶招待客人，却未曾想并不是所有人都有此好，有人甚至以此为苦，所谓"人至辄命饮之，士大夫皆患之，每欲往候，必云今日有水厄"，以至此后"水厄"成为茶饮的谑称。南朝后，以茶待客习俗的范围从江南地区扩展到北方地区。

入宋，"宾主设礼，非茶不交"。北宋时，客来敬茶的习俗已遍行于宋境，即客人到访时设茶，送客时点汤。《南窗纪谈》中记载："客至则设茶，欲去则设汤，不知起于何时。然上自官府，下至闾里，莫之或废。"可以看出，宋时客来设茶招待的习俗已在社会各阶层蔚然成风。另有王庭珪在《次韵刘英臣早春见过二绝句（之二）》中所言："客来清坐不饮酒，旋破龙团泼乳花。"也表明客来设茶的习俗。

元代基本沿用宋代的习俗。元代戏曲《冻苏秦》中，苏秦与张仪因话不投机起了争执，两人每说一句话，张仪的贴身侍从张千就在旁边喝一声"点汤"，意为替主人逐客。元曲借前朝人物生动地记载了宋元时点汤送客的饮茶习俗。

清代以后，茶饮成为基本日常饮料，人们渐渐不再饮汤，点汤送客也逐渐发展为端茶送客。

2. 以茶睦邻

由于饮茶已成为百姓日常生活必不可少的部分，在客来敬茶成为宋代人习以为常的待客礼俗之后，邻里之间以茶水往来就成了对待邻里的"客礼"，此时茶在邻里和睦间起了相当大的作用。如《梦粱录·卷十八》"民俗"记载，南宋杭州邻里之间不论有事没事，"朔望茶水往来，至于吉凶等事，不特庆吊之礼不废，甚者出力与之扶持，亦睦邻之道，不可不知"。茶汤往来互通消息，与吉凶庆吊之事随礼等，成为不可不知的睦邻之道。如果有新邻居搬来，"则邻人争借动事，遗献汤茶，指引买卖之类，则见睦邻之义"。

3. 茶与婚俗

宋代以前，婚姻中以羊酒、金银珠宝、锦缎等物为礼，宋代茶饮习俗大盛后，茶仪也开始进入婚姻礼仪。婚姻礼仪中用茶，主要是因茶有不可移植的特性，符合传统社会文化对女性的要求。明代郎瑛在《七修类稿》中说："种茶下籽，不可移植，移植则不复生也；故女子受聘，谓之吃茶。又聘以茶为礼者，见其从一之义也。"

在宋代婚姻中，茶与羊酒等物并重，相亲、定亲、退亲、下聘、举行婚礼等环节，都要用到茶。宋以前，在相亲时如果女方有意，就用金钗插于冠髻中，叫"插钗"。到宋代，这个环节发展为女方吃下男方的茶，"插钗"变成"吃茶"。

吃茶后，男方将羊酒、缎匹和茶饼等，送到女方家，女方的回礼除各色金玉、罗缎和女红外，还有羊酒及茶饮果物，定亲之礼至此完成。

接下来是下聘，即择良辰吉日送聘礼。一般聘礼包括首饰、彩缎，再加花茶、果物、团圆饼和羊酒等物。这一过程又叫"下茶"。

行受聘礼之后，便是择日成亲，成亲后三日女方都要为公婆奉茶。第三天，女方家送冠花、彩缎，还有茶饼、果物等送去婿家，叫"送三朝礼"。此后两新人往女方家行拜门礼，女方家还要送茶饼等礼物给女婿。

宋以后茶与婚姻礼俗的关系更为密切。在南方许多地区甚至形成了俗称"三茶"的婚姻礼仪，即相亲时"吃茶"，定亲时"下茶"或"定茶"，成亲洞房时"合茶"。即使退亲，也有"退茶"的礼仪。

🌱 【主题示例4】

主题名称：千里姻缘以"茶"牵

设计理念：以宋时婚姻茶俗为主题，围绕一对新人的相识、相知、相恋、相守的过程设计故事情节，融入婚姻茶礼和茶俗的具体内容。通过旁白、点茶操作流程及舞台光影等形式来呈现整个过程。

茶席布局：红色系为基调，选用大红色茶席铺垫，纯白或深色的点茶具，装点传统簪花、团冠、茶果等婚姻茶俗元素，体现出婚姻茶俗中的场景感。

另外，点茶主题题材还可从自然茶风景、饮茶心境等方面入手。总体遵循突显主题内涵，种种外在形式为主题内容服务的原则，设计出风格独特又和谐统一的点茶展演主题。

三、主题解说词创作

（一）主题解说词的基本内容

茶艺表演是当前弘扬茶文化的重要方式。点茶师在短短的十分钟到三十分钟的时间里，通过展示自身的点茶技艺、阐述某款茶叶或茶粉的来龙去脉、讲述与茶相关的人文故事，有效地引导品饮者在特定的时空中，充分品味茶香、茶味和茶文化，充分了解某款茶叶或茶粉的品饮方法、优劣和价值。

因此，作为服务点茶展演的主题词，其内容应该至少包含三个方面：一是阐述某款茶叶或茶粉的来龙去脉，二是展示点茶技艺，三是讲述与某款茶叶或茶粉相关的人文故事。

1. 介绍所用茶叶或茶粉

所用的茶叶或茶粉是点茶展演主题词必须讲解的内容。点茶所用的茶叶或茶粉不同，茶汤会呈现出截然不同的效果，滋味色泽均有差别，因此有必要对其进行介绍。按点茶展演的繁简程序，可以选用茶叶，在现场点茶展演时经过炙茶、研茶和罗茶获得茶粉，用以点茶。也可以选用已制好的茶粉直接进行点茶。

2. 说明点茶的技艺手法和流程

点出一盏好茶，是点茶展演成功最重要的标准，而一盏好茶的出现，除了茶叶或茶粉本身的因素之外，点茶手法和流程准确也是重要因素。所以有必要在点茶操作的同时，进行一定的语言辅助。

另外，向观众展示正确的点茶手法和流程，是点茶展演提升观众点茶专业技能知识水平、普及点茶文化及实现商业推广目的的一项必要内容。因此，在茶艺表演产生的初期，主题解说词通常需要对所使用的茶具、茶器、水质、点茶技法甚至品饮方式进行比较详细地讲解，也可依据观众的茶专业知识层次，做选择性说明。

3. 讲述主题背景和精神内核

由于当前的品茶环境受到了客观条件的极大限制，为了营造出良好的品茗环境，让观众获得良好的精神体验，点茶师一方面需要通过自身服饰、茶席布置、音乐等方式营造品茶的视听环境，另一方面需要通过主题解说词赋予点茶展演主题背景和精神内核，使观众在视听享受的同时，精神愉悦度得到满足。

主题背景和精神内核的讲述一般从三方面入手："人""情""物"。

"人"可以指某个特定的人，也可以是指代某个群体，如解说词案例1、案例2。

"情"通常指代某种情感，如解说词案例3。

"物"往往具备非常强的象征意义，多数为托物言志、以物指人。例如展现教师精神的红烛，虽是赞物，实为赞人。例如君子兰，名为赞花，实际亦是赞人。此类主题要做的是激活观众的既定印象，将物与茶紧密联系起来，实现爱屋及乌的效果。可参考解说词案例4。

不论是"人""情"还是"物"，主题背景和精神内核的落脚点还是在人的情感上。通过创造这些人的故事、情感或形象，寻求观众的共鸣和认同，使点茶师和品茶者均达到精神境界的超脱享受。

【解说词案例1：茶承匠心，意通古今】

万家灯火，一盏新茶，不知千年后还能否得见如此的风雅容光。这有何难？且到千年后去看一看。这是何处？千里江山，烟云流动，此乃宝地。这里是英德的茶园，新茶刚出，邀二位一起来品鉴英德可可红茶。

时光深处，明月之下，那位伫立山头钻研茶木的老人，正是张宏达教授。黄草帽，旧衣衫，是他经典的扮相；木饭盒，竹手杖，是他前行的搭档；老书桌，记录本，是他无声的战场。他用一生的深情，书写出寄情草木的传奇！1981年，张老历尽千辛，发现了唯一不含咖啡碱的自然茶种——可可茶，奠定了可可茶研发的基础。明月高悬，温暖四方，张老的精神正如这徐徐茶香，清雅自然，弥漫在你我心灵深处。泛黄的照片述说着峥嵘的岁月，张老一生默默耕耘，循循善诱，为科研事业培养了济济人才。

在张老精神的鼓舞下，以叶创兴教授为代表的学生们继承了他的遗志：艰苦岁月中，他们埋下头，甘心作护花的春泥；流金年代里，他们躬下身，化了润物的春雨；最终，他们选育出了国家级新品种天然可可茶，开启了中国茶饮新篇章！英德可可红茶滋味浓厚，可可碱成分滋生健体，又得美誉"百岁茶"。张教授带领的可可茶团队，以一片"让老百姓喝上不含咖啡因的好茶"的丹心，不慕名利，甘于寂寞，用淡泊诠释着真善美的生命本质，守望着可可茶惠泽万家的春天！扎根泥土，心寄草木，可可茶研发团队的精神，正如这橙红茶汤，清澈赤诚，明媚在劳动榜样的舞台。

今天，作为大湾区点茶技艺的传承团队，我们怀着对可可茶的敬意与热爱，让茶人的匠心在这一芽一叶的碾磨冲泡中逐渐生香，惊艳时光。阵阵回甘，仿若这些中华脊梁的精神再次鲜活于我们的唇齿间。

借一杯清茶共品君子人生，乘一缕轻风共聆时代潮声，就一纸深情共话砥砺前程。当非遗点茶技艺遇上了可可茶，在这场古今碰撞中，我们用最诚挚朴实的初心，映衬历史的内涵，激荡文化的传承，刻画下属于这个时代茶的全新风华。

色香俱绝品，雪泛满瓯花，无由持一碗，寄与爱茶人。

此篇解说词以茶人张宏达教授为表达核心，言辞间透露出对张教授一生致力于茶木研究的可贵精神的崇敬之情。

【解说词案例2：一树一香，千年流芳】

凤凰单丛属半发酵茶，是广东潮汕地区国家地理标志产品，其茶汤橙黄明亮，香气浓郁高扬，回甘力强，山韵优越。因其单株单采单制，故而"一茶一性，一树一香"。在袅袅茶香里，我们来细数千年古韵流芳。

款步千年之外，宋帝赵昺，流亡至百越之地，凤凰山前，口渴难耐。一树绿叶，莹莹欲滴，遂煮而饮之，甘美异常。少帝在彷徨中有了力量，兴起赐树名为"宋茶"。千年"宋种"，由此得名。此后经年，扦插播种，宋种得以开枝散叶。现如今，株、品、系凤凰单丛漫山遍野，煮茶之香萦绕村落。潮汕之子携茶漂洋过海，茶香跨越千山万水，在异国他乡继续流芳。想宋少帝如有知，该欣然而笑吧。

历史的脚步再往前一点，凤凰单丛古老的血统和身份就能和韩文公韩愈重合了。"不虚南谪八千里，赢得江山都姓韩"，被贬潮州的韩愈，驱鳄鱼，兴水利，办教育，为潮州赢得"海滨邹鲁"之称。他虽不曾闻过凤凰单丛的芬芳，但潮州地区为韩愈留名的山山水水，长久滋养着这古老的茶树。风穿叶林，日洒金辉，千年茶树的芬芳，当可告慰那高贵的灵魂。

历史的脚步徐徐而来，现如今的潮汕人，"宁可三日无米，不可一日无茶"，他们身体里流淌的不是血液，而是茶汤。潮汕地区百米之隔便有茶叶店，20米开外，便有人三五成群地喝茶。历史传统里的茶树芬芳、茶人茶事，一点点刻印在潮汕人的基因里。凤凰单丛单株单采单制，他们因而勤劳务实，细致考究，用心用功，追求极致；一茶一性，他们因而智慧守拙，见性见情……

历史的脚步仍在大步向前，愿在这一树一香里，茶精神、茶品质、茶韵味继续生机勃勃，隽永流芳。

此篇主题解说词以古今人物为载体，将茶的起源发展和人对茶的情感寄托其上，"人""情""物"一体，步步推进，让观众沉浸其中，完成情感洗礼。

【解说词案例3："高山流水"】

亲爱的朋友们，让我们一同沉浸于这场名为"高山流水遇知音"的茶艺之旅。

随着轻柔的乐声流淌，我们仿佛置身于云雾缭绕的高山之巅，静候那潺潺流水的到来。茶，这自然的精灵，承载着千年的文化与情感，在此刻与我们相遇。

以虔诚之心，轻启茶盒，揭开一段尘封的记忆。茶叶在指尖跳跃，如同高山上的石子，落入清澈的溪流，激起层层涟漪。温水注入，茶具苏醒，仿佛春天的脚步，悄悄唤醒沉睡的大地。

点茶之际，心与手共舞，每一次提壶、注水，都是对知音的深情呼唤。茶汤渐浓，色泽温润，如同知音间的默契，无须言语，只需一眼，便能读懂彼此的心意。

让我们举杯共饮，品味这杯中的高山流水，感受那份跨越时空的共鸣。袅袅茶香，如同知音的细语，温暖着我们的心田。

在这场茶艺演绎中，我们不仅品味了茶的醇厚，更感受到了那份难以言喻的相遇之美。愿这份美好，如同高山流水一般，永远流淌在我们的心间，陪伴我们走过人生的每一个阶段。

表演至此，愿茶香永存，知音长伴。让我们带着这份感动，继续前行，在人生的旅途中，寻找属于自己的高山流水与知音。

此篇主题解说词重在表达"高山流水"的知遇之情。观众被引领进入一个充满诗意与古风的情境，仿佛置身于高山之巅，静候流水的到来，体验着茶与自然、文化的深度融合。观众在品味茶汤的同时，也感受到了那份跨越时空的共鸣和相遇之美，仿佛找到了自己心中的"高山流水"与"知音"。

【解说词案例4：一盏六堡茶，万里亦为邻】

北回归线北侧，广西大桂山山脉延伸地带，树木荫翳，山高多雾，是茶树绝佳的生长区域，却也构成货物出山的天然屏障，六堡茶便被重山"封锁"其间。百年前，一条起于六堡镇的"茶船古道"应运而生，一箩箩六堡茶被装运上船，沿数百公里航道顺水东行至广州，再沿海上丝绸之路越洋过海，远销南洋。

"茶船古道"成为一条连接山海的经贸之路，构筑起中国华南地区与东南亚国家及日韩等国的民间商贸通道和经济文化交流走廊。而今，借"一带一路"的东风，神奇的东方树叶沿"21世纪海上丝绸之路"运达八方，为世界带来六堡茶醇郁的茶香。可谓是"一盏六堡茶，万里亦为邻"。

……

袅袅茶香，浓醇茶味，且让六堡茶独有的槟榔香、中国红带给世界各地茶故乡深情的问候以及春天的芬芳。

本案例以"茶船古道""海上丝绸之路"作为切入点，六堡茶茶情漫漫，联结中国和其他国家，庇泽海内外爱茶人士及天下华人。

（二）主题解说词创作应考虑的因素

主题解说词应结合茶艺主题与营造的环境，做到简练、精当、恰到好处。总体来说，在文辞创作时应该考虑专业用词、观演双方、雅俗共赏、节奏韵律、修辞手法等五个方面的因素。

1. 专业用词

（1）点茶过程的专业描述

在点茶展演中，通常会有对点茶器、点茶范式等内容的介绍。现代点茶作为宋代点茶的复兴，必然沿用宋时点茶特定的一些专业用词。注意选用此类专业词汇，使解说词的用语精练准确。关于点茶的专业用词如下：

点茶：在宋代，点茶有两种所指。一种指茶末加入茶盏调膏之后，击拂至出现沫饽的过程。另一种指从炙茶、碾茶开始，到点茶、饮茶结束的一整套程式，用以区分煮茶等其他备饮方式。

点茶粉：以茶叶为原料，经研磨加工制成的用以点茶的粉状茶产品。

茶盏：主要的点茶器具，用于盛放茶汤和鉴赏品饮。

茶筅：主要的点茶击拂调茶工具，一般以竹制作，将细竹丝系为一束，加柄制成。

调膏：将点茶粉投入茶盏中，注入少量热水，用茶筅将其搅拌至膏状的过程。

击拂：调膏后注水，用茶筅将茶和水快速击打出泡沫，再轻拂泡沫至细密的过程。

沫饽：击拂后茶汤表面产生的泡沫。

咬盏：茶汤表面泡沫持久不散，吸附于盏壁的现象。

水痕：又称水脚，是泡沫消散、露出水痕的现象。

乳点：点茶完毕，泡沫在面上形成的乳峰形状。

立乳：点茶最后一步，是指将茶筅从沫饽底部缓慢环绕、轻巧提起，使沫饽形成乳峰状的过程。

（2）水的专业描述

对水的描述也有特定的词汇。最早对水提出标准的是宋徽宗赵佶。他在《大观茶论》中认为"水以清、轻、甘、洁"为美。现代茶人又在以上四项指标外，加了一个"活"字。具体标准如下：

清，即水色要清。透明无色、无沉淀物的水，方能显出茶的本色。

轻，即水体要轻。水的比重越大、溶解的矿物质越多，越会影响茶汤的色、香、味。

甘，即水味要甘。水一入口，舌尖顷刻会有甜滋滋的美妙感觉，咽下去后，喉中也有甜爽的回味。用这样的水泡茶能增加茶之鲜美。

洁，即水质洁净无污染，无异味。

活，即水源要活。活水点出的茶汤鲜爽可口。

（3）水温的专业描述

不同的水温会极大地影响点茶的效果，因而古人很早就对茶水的水温有了深刻的认识。宋代蔡襄在《茶录》中说："候汤（即指烧开水煮茶）最难，未熟则沫浮，过熟则茶沉，前世谓之蟹眼者，过熟汤也。沉瓶中煮之不可辨，故曰候汤最难。"明代许次纾在《茶疏》中说得更为具体："水一入铫，便需急煮，候有松声，即去盖，以消息其老嫩。蟹眼之后，水有微涛，是为当时；大涛鼎沸，旋至无声，是为过时；过则汤老而香散，决不堪用。"

这里提到的"水老水嫩""蟹眼鱼目"等词汇，都是古人描写水温的专用名词。古人常从味觉、视觉、听觉三个方面描写水温。

味觉：水沸腾过久，即为"过熟"，点茶"过熟则茶沉"；未沸腾的水，称为"未熟"，点茶"未熟则沫浮"。茶沉或沫浮都会影响茶汤滋味。

视觉：水分三沸，一沸如蟹眼，二沸如鱼目，三沸腾波鼓浪。

听觉：一沸微有声，二沸如风过松林，三沸如大海波涛汹涌。

2. 节奏韵律

韵律美是一种具有条理性、重复性和连续性等特征的美的形式。节奏感强、韵律分明的主题解说词，朗朗上口，悦耳动听。例如"汲来江水烹新茗，买尽青山当画屏""竹雨松风琴韵，茶烟梧月书声""墨池烟润花间露，茗鼎香浮竹外云"等。可参考解说词案例5。

【解说词案例5："岩韵东坡"】

苏子非圣，只是一个真实到可爱的茶人。

"回首向来萧瑟处，归去，也无风雨也无晴"，是他对颠沛放逐生活的挣扎与超越，可却也有"也拟哭途穷，死灰吹不起"这样心似已灰之木的痛苦与绝望。

以入世的态度做事，以出世的态度做人。这样看似矛盾的描述却成了东坡最恰当的人生注脚。而成就这种无须理会哄闹的微笑、这种洗刷偏激的淡泊、这种无须声张的厚实的地方，不是杭州，不是密州，更不是汴梁，而是黄州。

有情风万里卷潮来，无情送潮归。问钱塘江上，西兴浦口，几度斜晖。不用思量今古，俯仰昔人非。

谁似东坡老，白首忘机。认得黄州赤壁，易惊涛拍岸，乱石作堆。算如画江山，相得豪杰稀。约他年，东取入闽，愿叶嘉雅志莫相违。

蓬莱路，一缕清风，无尘沾衣。踏破黄泥板，又至江畔。斜倚竹杖，寻得月出东山，水雾漫展。情泛小舟，随意所之。

凝神静气，掬一江秋水，涤尘润心。人如天上坐，船在雾中行。但闻风泣寡箫情，雨悬离人音。茶落奇竹间，意生百丈林。

谪居黄城中，把盏临风，牵黄擎苍叹英雄。昔日汴河风光处，暮鼓晨钟。夜雨洒孤松，落宴青葱，横窗疏影且相逢。半城烟沙独自过，踏雪飞鸿。

岩者崖间怪石也，韵厚而不断，志坚而不折。纵没于山林引馨香成趣。阳新桃花茶，青绿碧透，芳润滋柔。尤若芝兰，相伴三年，清幽牵魂。泉、泉、泉，好似飞虹下九天。玉斧砍开岩石髓，金钩挖出老龙涎。烹茶可献西天佛，煮酒堪宴北海仙。

苏子曰，欲加之罪，百口莫辩。缥缈孤鸿，只能将寒枝尽拣。茶曰，千古恨，今几般。月有阴晴，人有悲欢。先酌清茗，且笑云雨埋半山。苏子曰，今人不见古时月，今月曾经照古人。故垒西边，曾道是江面帆樯如林。

矢刃摧折沙中，旌旗横倒，死尸相撑。而后羽扇轻摇，成败已空。哀须臾吾生，羡长江无穷。

茶曰，再啜清茗，杯中一瞬间，世上已千年。宫殿，飞檐，华灯，珠帘。浮华尘世，忽隐忽现。

苏子曰，江上清风半盏，山间明月半盏。一口隋唐，再口秦汉。

茶曰，唯山光之色，一毫莫取。饮个一天两天，饮个十年八年。饮个出世入世，饮个风月无边。

（此系2013年"武阳春雨杯"第二届全国茶艺职业技能大赛的金奖作品《岩韵东坡》解说词）

此篇《岩韵东坡》以极富韵律的文言短句，借茶抒个人胸中得意与失意，挽天下古今沉浮事，展来年风月无边。全篇错落有致，珠玑磊落，读来齿颊流芳，非常悦心。

3. 点茶师的特点

主题解说词的语言特点要与点茶师的特点相符合。

男性点茶师，可采用平实质朴的主题解说词，如解说词案例6。

女性点茶师，可采用古典优雅、诗情画意或浪漫清新的主题解说词，如解说词案例7。

【解说词案例6：绿茶】

今日所选，乃是一款源自云雾缭绕之高山的绿茶。其叶承天露，吸地灵，每一缕香气皆是大自然无言的诗篇。在泡茶之前，我必先静心观茶，聆听其内蕴的风声雨韵，这是对自然之美的敬畏，也是对茶文化的尊重。

泡茶之道，重在于和。我将以温水唤醒沉睡的茶具，再以适度之水，轻柔地拥抱茶叶，使之缓缓舒展，释放出那份深藏于内的清雅。此过程，并非炫耀技巧，而是追求心手合一，让每一次提壶、注水，都成为一次心灵的洗礼，力求茶汤之纯粹，味之真髓。

此刻，请您细品此茶。愿它能带您穿越喧嚣，回归内心的宁静，体验到那份超脱于尘世之外的淡泊与从容。这茶，不仅是味蕾的享受，更是心灵的慰藉，是对生活美好瞬间的捕捉与珍惜。

【解说词案例7：乌龙茶】

秋风起兮白云飞，草木黄落兮雁南归。此时此景，最宜品一壶好茶，以慰人间烟火，共赏秋色之美。吾手中所持，乃采自深秋之高山乌龙茶，其叶经霜而更显醇厚，香韵悠长，恰如秋日之韵，深沉而又不失温婉。

泡茶之前，先以清泉润器，犹如秋雨洗尽尘埃，使茶具更显清透。而后，轻启茶罐，取茶入壶，每一片茶叶皆似秋风中飘落的黄叶，承载着季节的故事与自然的恩赐。沸水注入，茶叶翻腾，犹如秋水共长天一色，茶香随之袅袅升起，满室生香，令人心旷神怡。

请君细品此茶，初入口时，或有微苦，然细嚼之下，回甘无穷，恰似人生之秋，虽历经风雨，却更懂珍惜，更解风情。茶香之中，似能闻见稻田之金黄，果园之丰盈，以及那淡淡的菊花香，皆是秋之韵味，令人陶醉。

4. 角色分配

由于情节需要或丰富解说内容，主题解说词可分角色来进行解说，如解说词案例8。此时则要注意每个角色所承担的字句，须整体服务于主题表达。

【解说词案例8：丝路茶语】

配角1：

我是一片神奇的东方绿叶，生机如新，与你初识在千百年前的宋代古船。海丝之路串起世界文明交流大动脉，东方之美，徐徐展开。

配角2：

我是一只宋代的茶盏，从时光深处走来，与你重逢在21世纪"一带一路"的时代舞台。太平洋再会了欧亚大陆，我再会了你崭新的姿态，历史，遇见了未来。

配角1：

肇始广府，潮起珠江。

广州，中国古代海上丝绸之路的发祥地。千百年来，茶叶作为海丝桂冠上的璀璨明珠，从广东起航，把中国文化，镌刻在世界各国的文明年轮。

千年海丝路，悠悠茗茶香。今天，"一带一路"翻开了历史记忆，今古一瞬，百代同程。

您且听，这声声柔曼的英德绿茶之音，是地域之杯与时代之流的温柔相荡。

配角2：

南方嘉木，四时有序。

茶，从文人雅士的专属成为寻常百姓家的日常。英德绿茶，素以形美、色丽、香鲜、味爽而备受青睐。英德绿茶是生态与生活的高度融合，1986年，广东省医务人员、微生物专家和环境保护专家就已经鉴定其含锰量高，具有预防肝癌的效果，是养生佳品。今天，我们用科技创新茶业，用萎凋新工艺处理每一片茶叶，使其体现自身独有的茶韵。

您且闻，这丝丝沁人心脾的英德绿茶之香，是历史韵味与生活气息的自然交织。

配角1：

大湾区历史积淀丰厚，又充满创新活力。面对时代与未来的呼唤，荔湾区点茶技艺团队责无旁贷，继承非遗技艺，用宋代点茶技艺演绎今天的英德绿茶，在文化传承交流中丰富茶饮体系。小小一片茶叶，让我们的茶生活更加精彩。

您且看，这杯杯透亮的英德绿茶之色，是健康生活与审美艺术的相互融合。

配角2：

茶叶是"海上丝绸之路"的文化符号，从大湾区出发，重走海丝的伟大国际商道。茶绿香弥，茶香让民族文化的涟漪荡漾出去，汇入世界的洋流，凝聚文明共识，让传统焕发青春光彩，让世界领略中国魅力。

您且品，这啖啖鲜醇和的英德绿茶之味，是民族精神与世界文化的完美交融。

主角：

一叶见方寸，一茶现万千。传承千年文明脉络，树立大湾城市名片。丝路茶语，和韵天下。

第三节　点茶表演

知识要求：

点茶表演流程。

点茶表演注意事项。

点茶表演的另类形式——茶百戏。

技能要求：

能单独或小组完成主题点茶表演。

能用娴熟的手法完成主题点茶表演的全部操作。

能依托点茶手法、主题解说、茶席设计、场景设计等，完整表达主题。

能借助服饰、妆造、灯光、音乐等，烘托主题表达。

能完成简单的茶百戏。

一、点茶表演流程

每一场点茶表演因有各自的主题，而呈现出不一样的风采。又因观赏性需求，而有更多个性化设计，如室外表演，如故事演绎等。但无论哪种形式的表演，都应包含点茶的相关流程。（见图12-1）

1. 入场

音乐起。点茶师身着与点茶主题相映衬的服饰，做好妆造，沉静微笑，缓步轻移至表演舞台（场地）主点茶区，收束衣袍，优雅入座。

2. 行礼

主题解说起。点茶师入座后目视观众，眼带欢喜，与观众进行第一次心灵交流，然后盈盈鞠躬行茶礼，再次收敛心神，准备正式备器点茶。

3. 煮水

活火烹甘泉。将取自自然的山泉水倒入煮水瓮中，轻扇风炉，木炭炽红，静候茶水三沸，再用水瓢舀水入汤瓶。

扫码观看
点茶表演视频

141

4. 炙茶

从茶焙笼中夹取茶饼,放置炭火上方烤炙,翻转茶饼使之受热均匀。有茶香散出后即可将茶饼放入茶臼。

5. 碎茶

在茶臼中将茶饼捣成碎块,注意动作轻柔,姿态优美。

6. 碾茶

将捣碎的茶块放入黄金茶碾的碾槽,推动碾轮,将茶块压碎成更细的颗粒状茶叶。

7. 磨茶

将碾好的茶倒出,放入茶磨的磨眼周围。徐徐转动茶磨,茶粉从茶磨中心散落至磨槽中。用茶扫将茶粉轻轻扫至茶罗。

8. 罗茶

用300~500目茶罗轻筛茶粉,获得点茶所用茶粉。

9. 温器

用汤瓶注水至茶盏,温热盏壁以及茶筅。

10. 调膏

取半匙茶粉,放置茶盏,用汤瓶滴入约2毫升水,搅动茶筅,将茶水交融,形成凝胶状茶膏。

11. 击拂

分两次注水并击拂,使茶面产生丰富沫饽。

12. 拂沫

再次注水后,用茶筅轻拂沫饽,使大小不一的气泡化为均匀绵密的沫饽。

13. 立乳

用茶筅从茶汤底部提拉出乳峰状沫饽。

14. 分茶

用分茶勺将茶汤平均分至小茶盏。

15. 奉茶

将茶汤敬奉给观众或评委,请其品尝。

16. 品饮

品饮茶汤。

17. 退场

收拾器具,优雅退场。

图12-1 点茶表演流程

二、点茶表演注意事项

第一，个性化设计不能脱离点茶本身。

个性化设计可以体现在点茶主题、茶席设计、表演者服饰和妆容、舞美灯光、音乐编曲等方面，成功的个性化的设计可以使点茶表演在众多表演中脱颖而出。但无论哪种个性化设计，都不能脱离点茶本身，包括点茶的基本流程和手法、点茶的品鉴标准、点茶的审美标准等。若过多地去做形式的设计，舞台美轮美奂，妆服色彩斑斓，但点茶的手法不正确不流畅，茶色沫饽不理想，茶汤滋味不可口，则属本末倒置，实不可取。

第二，表演人员的分工合作需配合紧密。

点茶表演可以是一个人完成，也可以由表演小组完成。如果是一个人表演，则要注意把握表演节奏，掌握时间，不能拖沓冗长，消磨观众的热情和兴趣。若是小组表演，则要注意紧密配合，可一人当主点茶人，负责主要的点茶工作，另一人当助手，负责备茶备器、煮水焚香等工作。

第三，表演节奏需与主题阐述、音乐等相契合。

点茶表演不是一个人的"独舞"，而要与主题解说、音乐播放、灯光变化等相契合，相互融合成一个整体。主题阐述是对点茶主题的旁白解说，每一句话都对应着一个动作、一个表情、一个场景或意味深长的情感描述。表演人员应与之顾盼呼应，用自身的动作、表情、仪态等去回应主题旁白，让观众沉浸其中，细细品味。音乐也是重要的表演辅助手段。美好的音乐可以更好地营造氛围，烘托主题。表演者的表演节奏也需与音乐旋律对应，共同表达主题内涵。舞台光影的变化也是氛围流转、情景转场的标志之一，表演者的点茶表演也需与之吻合，共同表达主题情境，讲好主题故事。

三、点茶表演实例

主题名称：千年点茶，礼序东方

主题说明：以外景取水和室内点茶相结合的表演形式，表达点茶的礼仪之态，秩序之美。幽处取山泉，红炉煮沸汤。炙碾磨罗点，一盏出雪涛。点茶师携助手款款有礼，有秩烹泉点拂，尽显千年茶礼，东方茶蕴。

主题解说词：

华夏风雅皆循礼而为，来往万物之间，大国茶道，亦复如是。

点茶之声，取新泉活火，烹煮中和之道。

清风习习，流水潺潺，我们一起体验宋人的风雅生活。慢下来，让我们轻轻汲取这道甘洌的山泉活水；慢下来，让我们等待一炉微红的炭火；慢下来，让我们倾听水初沸时阵阵松涛般的美妙音乐。"熏香生袖，活火烹茶"，以活火烹嫩水，一切，都是那么恰得其时。茶清，水柔，神宁，天人茶事，和谐如画，相得益彰。

点茶之色，碾绿粉香尘，彰显自然之性。

四时佳气，绿野时光，怀着对自然的礼敬之心，我们开始捣茶。轻动黄金碾，将敲碎的新茶块放入碾槽，碾作清香四溢的"翠玉屑"。最后，我们徐徐推动茶磨，诗云"碾破香无限，飞起绿尘埃"，在石磨的转动下，纷纷扬扬的茶粉，如烟似雾，洒进宋人的点茶诗篇，书写着独属于宋人的风雅之韵。

点茶之韵，有礼式十二，展现文明之仪。

注水调膏，击拂立乳，点一杯好茶，心念与茶同在。非遗点茶十二式，每一个优雅考究的动作，都是我们与宋人一次灵魂深处的对话。让我们恍若也化身宋人，和宋代达官贵族、文人雅士，乃至寻常百姓一同进入欢乐的茶饮时空，在一饮一啜中感受非遗传承，也让宋文化化成一缕茶香，惠及千万家。

点茶之美，得雪乳之姿，品味风雅之礼。

良辰美景，赏心乐事，茶盏里泛起的如雪泡沫，与如霜斑的兔毫斑交相辉映，构成了一幅美不胜收的画面。肇始广府，潮起珠江，点茶技艺作为海丝之路的璀璨明珠之一，影响了世界茶文化的建构，在海丝之路中声名远扬，与各国搭建起了一座温暖信任的桥梁。看我中华，以茶会友，礼敬天下。

"黄金碾畔绿尘飞，紫玉瓯心雪涛起。"

点茶，作为宋代四大雅事之一，千百年来风行四海，享誉海丝路。以其风雅，以其情致，以其意境，以其礼韵，延绵属于中国人的浪漫记忆。

礼承非遗文化，匠传宋式茶韵，看宋代点茶在建盏里浮雪飘香，美轮美奂。看如今宋式生活呼应了时光，风雅悠然。看千年点茶，礼序东方。

四、点茶的另类表现形式

1. 茶百戏

茶百戏则是在点茶技艺基础上发展出的一种艺术形式，也是一种茶艺游艺行为。在茶汤沫饽上做图画或诗文类的二次创作，均可称之为茶百戏，也称为分茶、水丹青、汤戏、茶戏等。关于茶百戏具体的制作过程在茶古籍上语焉不详，茶百戏的妙处和情境倒是记载颇多。

北宋陶谷所著的《清异录》中粗略记载了茶百戏的制作："茶至唐始盛。近世有下汤运匕，别施妙诀，使汤纹水脉成物象者，禽兽虫鱼花草之属，纤巧如画，但须臾即就散灭，此茶之变也，时人谓之'茶百戏'。"

南宋杨万里所作《澹庵坐上观显上人分茶》，详细地描写了分茶时茶汤变幻许多图像和文字的情景："分茶何似煎茶好，煎茶不似分茶巧。蒸水老禅弄泉手，隆兴元春新玉爪。二者相遭兔瓯面，怪怪奇奇真善幻。纷如擘絮行太空，影落寒江能万变。银瓶首下仍尻高，注汤作字势嫖姚。不须更师屋漏法，只问此瓶当响答。紫微仙人乌角巾，唤我起看清风生。京尘满袖思一洗，病眼生花得再明。汉鼎难调要公理，策动茗碗非公事。不如回施与寒孺，归续茶经傅衲子。"

陆游的诗作《临安春雨初霁》中也描述了分茶的情景："世味年来薄似纱，谁令骑马客京华。小楼一夜听春雨，深巷明朝卖杏花。矮纸斜行闲作草，晴窗细乳戏分茶。素衣莫起风尘叹，犹及清明可到家。"

茶百戏的制作是使茶汤纹脉形成物象的过程，即在点好的茶汤上用汤瓶冲点出图案或文字，或用茶匙蘸清水或茶膏在茶汤上作画写字，也可直接将沫饽堆积成立体图案。（见图12-2）

图12-2 茶百戏：点茶非遗传承人黄建红在"运匕"作画（图①、图②）；茶百戏作品（图③）；沫饽雪山（图④）

2. 漏影春

漏影春也是点茶的另一种表现形式。关于"漏影春"的记载，主要来源于宋代陶谷的《清异录》："漏影春法，用镂纸贴盏，糁茶而去纸，伪为花身，别以荔肉为叶，松实、鸭脚之类珍物为蕊，沸汤点搅。"

这段记载描述了漏影春的制作方法，具体步骤如下：

第一步，准备材料。需要用到的材料包括镂纸（一种雕刻有图案的纸）、茶末，以及荔肉（荔枝肉）、松实（松子）、鸭脚（银杏的果实）等珍贵食材，用于点缀和提升茶的品质。

第二步，贴盏。使用剪成镂空形花瓣状的纸贴在茶盏内。

第三步，糁茶。在纸上面撒上茶粉。

第四步，去纸。去除镂纸，这时茶粉会按照镂纸的图案留在茶盏内，形成类似花朵的形状。

第五步，装饰。用荔枝肉作叶子，用松子和银杏果实等作花蕊装饰在茶盏中。

第六步，点茶。用沸水冲点并搅拌，使茶叶和装饰物在水中散开，形成最终的漏影春茶汤。

这种茶艺不仅是一种饮茶方式，更是一种茶的造型艺术，体现了宋代茶文化的精致与雅致。当代也有改良版的漏影春，顺序是先点好茶汤，再在沫饽上方隔着镂空雕版撒下茶粉，使茶粉在沫饽上形成不同图案。

第四节　主题阐述

知识要求：

　　声音表达技巧。

　　咬字吐词技巧。

　　情绪渲染技巧。

　　顾客心理知识。

技能要求：

　　能用普通话（或其他汉语）阐述点茶主题。

　　能声情并茂地通过主题解说营造氛围感，升华主题。

　　能让观众接收到完整的主题表达。

点茶茶艺展演艺术性特征明显,对依附它存在的主题解说提出了很高的艺术要求。茶艺解说必须通过优雅的有声语言,传递出对点茶主题的深刻理解与对茶文化的热爱之情。主题阐述的原则和技巧有以下几方面。

一、主题凝练

在准备过程中,需要深入研究主题,确保解说内容准确并具有深度,使听众能够获得有价值的信息。同时,组织解说内容,使其逻辑清晰、层次分明,便于听众理解。

二、情感传递

解说者需通过优雅的有声语言,传递对点茶主题的深刻理解和对茶文化的热爱。这种情感的传递能够使观众产生共鸣,增强解说的感染力。解说者应将自己的情感融入解说中,通过语调、节奏和情感的表达,与听众建立情感联系。

三、动静和谐

在点茶茶艺表演中,有声语言(解说)与无声语言(点茶师动作、布景)需要形成动静和谐的审美意境。这种和谐不仅体现在点茶师的动作与解说的同步上,还体现在整个展演的氛围营造上,使观众能够在动静之间感受到茶艺的韵律。

四、语言艺术

解说语言在选词结构上应追求齐整对称,在音韵搭配上追求柔美和谐,在语词修辞上运用修辞手法丰润意象。这样的语言艺术富有中国传统文化的人文内容,对拓展和深化审美意识具有辅助作用。通过精心挑选的词汇和句子,解说词能够精确表达茶艺的内涵,增强语言的美感和表现力。

解说时使用标准的普通话或地方性强的汉语,如粤语。普通话词汇的双音节,词语的轻重格式,以及轻声、儿化,使语言的表达作用更加准确、丰富,表现力更强。普通话的音节界限分明,节律感强,声调抑扬顿挫,富有音乐性,是很好的情感交流工具。

粤语是广府民系的母语,是广府文化的最重要的基因和最具特色的符号。汉代至唐宋,中原百姓源源不断地迁徙至岭南,促进了粤语的发展和定型。清代学者陈澧认为广州方言的音调合于隋唐韵书《切韵》,"千余年来中原之人徙居广州,今之广音,实隋唐时中原之音"。粤语和普通话的不同，在于粤语不仅保留了大量的古代词汇和语法，还保留了古汉语的语音和声调，尤其是入声，能读出古诗词中的平仄和韵脚。用古典韵味更足的粤语来解说点茶主题，更具唐宋风雅，符合点茶气质。

五、音乐选择

1. 古典音乐

我国古典音乐以古筝、琵琶、二胡等乐器的独奏或合奏为核心，其音色与点茶展演的文人雅韵高度契合。在主题点茶展演中，古典音乐的运用需紧扣"声景交融"原则，通过音色、节奏、留白与主题内容、点茶动作、茶席布置、舞台光影等深度融合，形成多维度的艺术展现。可以在以下几方面进行融合：

音乐与主题内容融合。针对特定主题的展演，音乐需成为历史场景的听觉符号。例如展现宋代建州斗茶场景时，福建南音《八面金钱经》的快板琵琶声可还原出彼时现场斗茶的竞技张力；演绎宫廷茶仪时，编钟与笙箫合奏的雅乐（如《瑞鹧鸪》），则以庄严节拍重现"碾罗炙点"的仪式流程，令观众身临千年茶宴。

音色与意境融合。古琴的空灵（如《平沙落雁》）可营造茶席的清雅静寂氛围，琴弦的振动频率与茶筅击拂的细微声响交织，打造"以声衬静"的宋式美学空间；箫声的悠远（如《碧涧流泉》）则似茶香缭绕，强化"雪沫浮花浮午盏""人间有味是清欢"的诗意联想。

节奏与动作融合。江南丝竹合奏（如《春江花月夜》）通过多乐器配合，将点茶程式转化为听觉语言——琵琶轮指模拟注水节奏，古筝刮奏暗合茶膏化开韵律，二胡长音对应沫饽汤花余韵，使观众从乐声中"听"见茶汤由疏星皎月，到珠玑磊落，再到浚霭凝雪，最后到浮沫汹涌的动态变化轨迹。

2. 现代音乐

现代音乐在点茶展演中的应用，需在保留传统茶文化内核的基础上，探索更贴近当代审美的表达方式。

在古典乐器的基础上进行现代改编是常见的手法。例如在琵琶曲《琵琶语》的传统轮指技法中融入电子音效，空灵的背景声与茶筅击拂的节奏相衬，能生动展现茶膏从调匀到起沫的细腻过程；钢琴改编的《梅花三弄》保留原曲清冷的五声音阶旋律，又加入山涧溪流的自然录音，让观众闭目聆听时恍若置身云雾缭绕的宋代茶席。

氛围营造上，现代音乐常借助环境音效拓展茶境的空间感。如选用带有细雨声、鸟鸣声的纯音乐，配合茶展演空间的插花与香炉轻烟，强化"茶在自然中"的意境；部分作品巧妙混入炭火噼啪、茶器轻碰的真实声响,使音乐与点茶自然衔接,虚实交融。

实际应用中,音乐选择需紧扣展演场景。主题性强的点茶表演可搭配叙事性音乐,例如琵琶曲《不老梦》前半段的舒缓旋律对应调膏备器,高潮扫弦段落配合茶膏作画的挥洒动作,尾声渐弱至无声,与茶面纹样定格同步,形成"声画合一"的感染力。日常茶空间则适合轻柔的纯音乐,如古筝与笛子合奏的《茶禅一味》,音量调至若有若无,使音乐既维持静谧氛围又不干扰茶客交谈。

第五节　品鉴服务

知识要求:

　　茶汤品鉴知识。

　　茶饮服务礼仪。

　　茶饮服务技巧。

　　顾客服务心理知识。

技能要求:

　　能准确品鉴和介绍茶汤汤色、沫饽厚度和细腻程度、茶汤滋味。

　　能正确为观众或评委进行茶汤侍奉、茶汤介绍。

点茶展演的最后流程是点茶师为观众或评委奉上茶汤,提供完整的茶汤品鉴服务。

一、品鉴服务流程

第一步,展示茶汤。点茶师用盏托托起茶盏,移步至评委或观众面前,请其观赏汤色和沫饽,判断咬盏情况。展示完毕后,端托茶盏回到点茶席。

第二步,分茶汤。点茶师在点茶席将点好的茶汤用分汤(银)勺等量分配到三个或四个茶杯(需选择保温性、聚集性良好的茶杯)中,注意顺序是从外到里,呈半环抱之势,意在表达热忱迎客之情。

第三步,端送茶汤。点茶师准备好分茶盘,将分好茶汤的茶杯呈"品"字或方形摆放于分茶盘上。双手托起分茶盘,起身。轻缓移步至评委席,鞠躬致意。转为单手托分茶盘,将其重心移至左手手臂和手掌。右手大拇指和食指轻握茶杯,微屈双腿,将茶杯放置于客人桌面右上方。五指并拢以小请姿势示意客人品鉴茶汤,并说:"请品茶。"

第四步,鞠躬致谢。点茶师示意客人用茶后,双手端托分茶盘,后退一步,微微鞠躬,致谢客人。

二、品鉴服务注意事项

第一,动作舒缓有美感。

点茶品鉴服务过程相对复杂,点茶师的服务动作要注意舒缓有致,姿态优美体现美感,但又不至于拖沓冗长,过于关注形式表达。各个操作环节注意使用双手,体现茶事服务礼仪内容。

第二,语言柔美有韵律。

品鉴服务时要有敬语和请示语,可能还要回答评委或观众的提问,在语言表达上要注意声音柔美有韵律,让人如沐春风,如饮清泉。除此外,回答问题时要注意抓住问题要领,有针对性地提供专业解答,表达清晰有条理,言简而又不单调。这离不开平时的专业积累和训练。

第三,互动真实有感情。

与客人的互动除了一问一答的语言互动外,还有眼神、表情、肢体的表达和回应,如距客人1.5米~2米左右时,首先要跟客人有眼神接触,用眼神传递内心真实情感,包括沉敛的热情、无言的感激、安静的期待等。感激客人给予的关注和等待,期待客人能领略所点茶汤的美妙。带情感的互动,效果明显。

第四,心境平和有信念。

邀请客人来品鉴茶汤,需要倾注感情,但不可泛滥,保持平和的心境非常有必要。点茶茶意即平和与享受,若要传茶情,送茶意,须得点茶师内心平静,身心平稳。在一个人员众多的点茶展演现场,点茶师是众人关注的核心,心境很难不被影响,因此信念感在此刻显得尤为重要。对传统茶文化有发自内心的热爱,对点茶技艺了然于心,信念感就会被建构起来。心境平和、有信念感的点茶师,是人群里的和煦春风,能带来稳定而富个人魅力的力量感。

第十三章
高级点茶师的销售服务

第一节　茶产品销售

知识要求：

六大茶类知识。

六大茶类工艺。

点茶成汤成沫的原理。

茶汤品鉴知识。

点茶器的功能、特性和文化价值。

顾客消费心理。

技能要求：

能对六大茶类制成茶粉的相应技法了然于心，熟练介绍。

能正确介绍六大茶类制成的茶粉的特性、点出的茶汤的特性。

能根据客人的消费喜好准确推荐茶叶或茶粉。

能正确介绍点茶器的功能、特性和文化价值。

能根据客人的消费喜好准确推荐茶器。

中国经济的快速发展，对高品质生活质量的追求使茶行业飞速发展，喝茶既是对健康的追求，也是闲适生活的体验之一。品饮方式也变得丰富多彩，从传统的泡饮到流行的果茶等，不断推陈出新。点茶是传统文化的一次回归，一出场就以其高雅的品饮环境、雅致有趣的点茶手法吸引了一大批资深的茶客和对传统文化的痴迷者，因其浓厚的传统文化氛围逐渐成为中国文化传播的一张名片。

点茶文化在中国还在普及阶段,很多人是通过影视作品了解宋代点茶的。点茶师想成功销售相关的产品,需要首先引起顾客对点茶的兴趣,可以通过举办与点茶相关的各种形式的文化体验课,让顾客了解宋代点茶的丰富文化、感受宋代点茶的优雅环境、品尝茶的甘香等,同时知晓点茶在现代的传播情况,激发顾客进一步学习点茶的兴趣。

点茶产品有两大类,一是茶叶、茶粉,二是点茶的茶具用品,包括建盏、盏托、茶筅、汤瓶、茶炉、茶盒、茶巾、茶匙、茶勺、水盂等。专业程度和体验程度高的顾客或商家可能会购买心仪的茶叶,用以体验炙茶、研茶、磨茶再点茶的全部过程,对他们的销售内容主要是茶叶及相关茶器具。对于想重点体验或学习点茶过程的顾客,制好的茶粉和点茶器则是他们的主要购买需求。

一、茶叶、茶粉

茶叶是制作点茶茶粉的基础。理论上看,六大茶类的茶叶均可用于制作茶粉,但鉴于点茶茶汤的品质要求及品饮者的口味需求,需掌握不同茶叶制成的茶粉的特征,才能确保制作出的茶粉能点出品质上乘且符合现代人口感的茶汤。六大茶类茶叶及其制成的茶粉点出的茶汤特征如下。

1. 绿茶茶叶、茶粉

绿茶在加工过程中未加发酵,较多地保留了茶叶中的天然物质,如茶多酚、儿茶素、维生素等,这些成分具有很好的抗氧化作用。用优质绿茶研磨加工成的茶粉,点出的茶汤能够保持绿茶原有的清新口感和香气,沫饽色白,茶汤清甜,有豆香和兰花香。绿茶茶粉容易吸湿和氧化,需要密封保存在干燥、避光的环境中,否则会影响品质和口感。

2. 白茶茶叶、茶粉

白茶的加工工艺简约,不经过炒青或揉捻,较多地保留了茶叶的原始风味和营养成分,制作成茶粉后,这些特点得以保留。白茶茶粉点茶成汤后,沫饽色纯白,丰厚且细腻,持久不消散,茶汤有乳香,甘甜,顺滑,具有白茶特有的口感,非常适合喜欢白茶风味的消费者。

3. 黄茶茶叶、茶粉

黄茶具有独特的闷黄工艺,黄茶在闷黄过程中产生的消化酶有助于消化,适合胃热者饮用,具有一定的保健功效。黄茶通常带有熟栗香或甜花香,滋味醇和,制成茶粉后,点出的茶汤沫饽灰白,较丰厚,气泡细密,较持久,滋味甘甜,有花香和果香。相较于绿茶、红茶等茶类,黄茶的市场认知度较低,但用其制成茶粉来点茶,也有特别的效果,能满足喜欢黄茶风味的消费者。

4. 乌龙茶茶叶、茶粉

乌龙茶以其独特的香气而闻名，制作成茶粉后，这种香气得以保留，可以为茶饮或食品增添特别的风味。乌龙茶品种繁多，如铁观音、大红袍等，每种都有其独特的风味，制作成茶粉后可以满足不同消费者的口味需求。乌龙茶含有的茶多酚、氨基酸等成分具有抗氧化、提神醒脑等功效，对健康有益，这些成分在茶粉中也能得到保留。用乌龙茶制成的茶粉，点出的茶汤沫饽灰白，丰厚、绵密且持久，滋味甘甜有花蜜香。

5. 红茶茶叶、茶粉

红茶是全发酵茶，香气多样，从甜香、果香到麦芽香不等，不同品种的红茶具有独特的香气特征。红茶制成茶粉后能够保留红茶特有的香气和味道，如正山小种的桂圆香、祁门红茶的蜜糖香等。红茶茶粉点出的茶汤沫饽呈黄白色，茶汤滋味甜润，具有红枣桂圆及花果香。

6. 黑茶茶叶、茶粉

黑茶是后发酵茶，具有独特的陈香和醇厚口感，制作成茶粉后，这些风味特点得以保留。黑茶在中国茶文化中占有重要地位，尤其是普洱茶等，具有较高的文化价值和收藏价值。用乌龙茶制成的茶粉，点出的茶汤沫饽呈啡白色，茶汤滋味甜润细腻，有熟茶香。

二、点茶器

用于销售的点茶器有建盏、盏托、茶筅、汤瓶、茶炉、茶盒、茶巾、茶匙、茶勺、水盂等。以下是主要几种点茶器的销售特征。

1. 建盏

建盏的可售卖特点主要包括其独特的用途、造型、材质、历史文化和艺术价值。

首先，建盏是点茶技艺中不可或缺的主要点茶器，注水、调膏、击拂等都在建盏内操作。它也是茶汤的容器，其色泽和材质是呈现茶汤和沫饽品质的关键因素。

其次，建盏的造型多样，包括敞口、撇口、敛口和束口四大类，每类分大、中、小型。其独特的造型使每一只建盏都是独一无二的，无论是小圆碗还是其他类型的建盏，都具有古朴浑厚的手感和较高的辨识度。

另外，建盏的材质和制作工艺是其可售卖的重要特点。建盏胎骨厚实，含铁量高，叩之有金属声，胎体厚重且久热难冷，能够保持茶水的温度。建盏的施釉较厚且不施满釉，有部分露胎和少许干口，胎内有着非常多的小气孔，这些气孔会吸附水中的杂质，减少水的硬度，让水质变得柔软、甘醇。在黑色底釉上，建盏会呈现自然形成的斑纹，这些特点共同构成了建盏独特的艺术美感。

最后，建盏的历史文化和艺术价值也是其可售卖的重要原因。宋代时期，建窑建盏的发展达到了巅峰，建盏成为黑釉瓷的典型代表，被誉为瓷器中的"黑牡丹"。建盏的烧制技艺精湛，具有悠久的历史文化背景，每一件建盏都是不可复制的，因此在市场上具有较高的收藏和投资价值。建盏的斑纹形态变化万千，依据形态的不同大致分为兔毫盏、油滴盏、曜变盏、乌金盏等。斑纹的形态不同，价格也就不同，形态越好价格越高。这些特点共同构成了建盏的艺术价值，使得建盏成为收藏和欣赏的对象。

2. 茶筅

茶筅是一种传统的调茶工具，主要用于搅拌粉末茶，是点茶的必备工具。它的制作材料主要是竹子，设计上注重实用性与美观性的结合。茶筅的使用历史悠久，尤其在宋代，茶筅在点茶中扮演着重要的角色。随着宋代茶文化传入日本，茶筅也成为日本茶道中不可或缺的一部分。

在现代，茶筅不仅作为传统的茶具被人们收藏和使用，还因为其独特的搅拌功能，被一些创意人士开发出新的用途，比如用来制作泡沫咖啡或者用于烹饪中。这说明茶筅在现代生活中仍然具有一定的实用性和创新性。

3. 其他点茶茶器

点茶需用到的其他器具，如汤瓶、茶匙、分茶勺、茶巾等。

汤瓶的制作讲究，且材质多样，包括黄金、银、铁、瓷、石等，尤其是南方的越窑、龙泉窑以及景德镇窑，生产了大量的瓷汤瓶，成为寻常百姓的首选。汤瓶的造型为侈口，修长腹，壶流较长，这是因为宋代注汤点茶对汤瓶长流的要求极高。南宋著名画家刘松年的《斗茶图》中清楚地描绘了汤瓶的形制：呈喇叭口，高颈，溜肩，腹下渐收，肩部安有很长的曲流。这应该是宋代汤瓶的真实写照。现代点茶中，汤瓶也是必不可少的注水工具，其造型和工艺特点也代表了点茶的规格和品质。

茶匙和分茶勺通常采用银、竹或木材质。银质材质具有防腐保鲜、杀菌消毒、净化水质等功效，同时，也是高雅品质的体现。竹或木富有自然气息，符合茶的气质，也是很好的材质选择。茶匙和分茶勺的独特造型也是其销售点之一，可为整台茶席增加艺术美感。

第二节　销售人员素养

点茶茶产品销售人员不仅需要具备点茶师的基本素质，如丰富的茶文化知识、点茶操作技能、美学鉴赏能力等，还需要具备特定的销售技能，如沟通能力，以确保能够有效地推广和销售茶产品。

一、仪态仪表

在为客户服务时，销售人员需要保持优雅的仪态和整洁的仪表，以展现专业的形象。点茶茶艺展示性极强，对相关从业人员在仪态仪表上的要求必然较高。

二、心理素养

销售人员需要具备稳定的心理素质，能够在繁忙的工作中保持冷静、耐心和专注。具备丰富的顾客消费心理知识，能够依据顾客类型判断顾客需求，再针对顾客需求准确推介茶产品并做好售后服务。

三、专业知识与技能

销售人员需要掌握的专业知识包括各类茶叶及茶粉的品种、制作工艺、品质鉴别等，各种点茶器的特点、功效、实用价值和文化价值。还要掌握点茶的基本技能，如选茶、择水、备具、调膏、击拂等。

四、文化素质

作为传统点茶文化的传承者，茶产品销售人员需要具备较高的文化素质，对点茶文化的起源与发展、相关的茶典故、历代茶风茶俗、与茶相关的诗词歌赋等方面有所了解。

五、美学鉴赏能力

推广有极致美学价值的点茶产品，销售人员须具备较高的美学鉴赏能力。无论是物质形态的茶叶或茶粉、点茶器等茶产品的推介，还是非物质形态的点茶活动策划、点茶展演、茶事接待等点茶服务的推介，都离不开对他们在美学上的解说。准确介绍茶产品的美学价值，是吸引顾客、完成销售的重要方式。

六、沟通能力

在推介茶产品时，要求销售人员待人热情、举止得体、接待有方，能有效地与客人进行沟通、交流，并耐心回答客人的问题。能够与客户建立良好的互动关系，了解客户的需求和喜好，为客户提供个性化的服务。

七、创新能力

随着茶文化的不断发展及传播媒介的更新迭代，茶产品销售人员需要具备创新能力，不断探索新的销售模式和服务方式。如探索网络营销渠道，开拓直播销售市场，使点茶文化和点茶产品走向更广阔的天地。

这些素养共同构成了茶产品销售人员所需的专业素质，有助于他们在销售过程中更好地展示点茶的特点和魅力，满足客户需求。

第三节　茶产品销售技巧

茶产品销售需要销售人员熟悉相关的消费心理知识，然后根据顾客群体分析其消费特征，再运用技巧，有针对性地进行推销。

一、顾客群体分析

（一）个体顾客

1. 有创新精神的茶行业从业人员

包括从事茶叶生意的商人、开茶叶店的店主等，因为长期从事相关的工作，这类顾客对茶的兴趣浓厚，还需要及时掌握茶行业的现状和前景，对行业中的变化很敏感。点茶近几年掀起热潮，与国家对传统文化回归的重视密切相关。这也引起了从业人员的关注。他们希望通过学习了解点茶发现新的机会，也希望通过学习点茶接触行业中的同行，拓展资源。

2. 资深茶客

茶的爱好者对茶文化有较深的了解，点茶在宋代的丰富的历史积淀足以引起茶友们浓厚的兴趣，将茶服、点茶礼仪与技能、茶盏鉴赏等丰富的内容有效地组合和呈现，能吸引这些茶友们的兴趣。

3. 热衷传统文化的年轻人

当热衷喝抹茶饮品的年轻人知道抹茶在几百年前的宋代就已经流行,自然会对相关的茶文化产生浓厚兴趣。随着新生代消费者崛起,今天的市场正在变得越来越年轻化。新生代消费者兴趣多元、爱尝鲜、社交无界,圈层属性明显,好玩的内容、有趣的互动更能促使他们参与并自发传播,他们也愿意为产品的颜值及品牌所传达的故事及价值观而买单。茶产品独有的定位、形象,向消费者传递的价值观和消费者对它特有的情感,都将成为品牌的独家资产。

(二)群体顾客

1. 政府机关事业单位

这部分单位的工作人员整体受教育程度较高,对生活品质有要求,工作过程中的日常接待、单位之间的交流活动、节庆活动中的文化活动等都要求他们对茶和茶文化有一定的认识和了解。

2. 院校老师

大中小学老师,尤其是大学老师,因为职业特点,追求闲适清雅的品茶环境,容易被宋代点茶高雅恬淡的文化氛围吸引。

二、茶产品销售的技巧

第一,创造顾客体验的机会,提升客人的体验感。

茶产品具有文化消费的特点,宋代点茶更是具有深厚的历史文化背景,在茶产品销售的过程中,如果先让客人体验宋代点茶的优雅环境并了解相关产品的文化历史背景,会使客人产生丰富的联想。因此可以通过设计时长较短的点茶文化体验课程,让客人先体验茶文化,再引发其购买的欲望。

第二,与客人沟通时不可直奔主题。

销售人员不要一见面就急于推销,客人此时只是想了解更多的基本信息,而不想迅速作出决定。因此,茶产品销售人员必须具有丰富的相关知识,了解点茶文化的历史和背景,了解各类茶叶的产地特征和适用人群等,熟悉茶器的工艺和特点。面对客人时不能表现得过于急功近利,这样会引起客人的反感,不利于彼此之间的进一步沟通。

第三,认真倾听顾客的需求。

认真倾听是对客人的尊重,也是进一步了解客人现状,明确客人真正需求的关键。在此过程中,耐心礼貌、接受认同是销售人员应该注意的技巧。"进门是客。"即使顾客提出琐碎的问题,也要给予解释和帮助,若客人意见有误,不应直接指出,应委婉表达,待其有正确见解时及时进行认同。

第四，收集有用信息，捕捉交易机会。

在同客人沟通时，销售人员应正确理解客人需求，聚精会神收集客人提供的有用信息，寻找潜在交易机会。

第五，保持优雅得体的外部形象。

点茶产品的消费有双重属性，既有作为物质产品对实用好喝的要求，又有作为精神文化产品对美和优雅别致的要求。因此点茶产品的销售人员需要通过给顾客展现良好的文化修养和优雅得体的言行举止，充分体现这一产品的价值。

第四节　点茶服务销售

知识要求：

点茶服务销售内容：知识类点茶服务和现场呈现类点茶服务。

营销方法、手段和渠道。

技能要求：

能准确介绍知识类服务产品和现场呈现类点茶服务。

能根据客人要求准确推荐点茶服务。

一、点茶服务销售内容

点茶作为一种体验性和展示性强的文化活动，具有商品的属性，其中点茶服务是与点茶茶产品并存的可销售商品。点茶服务包括点茶技能、点茶文化、点茶展演和点茶活动等，服务形式有知识传播、创意设计、活动策划及现场呈现等。具体包括知识类点茶服务和现场呈现类点茶服务。

（一）知识类点茶服务

知识类点茶服务包括点茶相关培训课程及教材、点茶活动策划、点茶主题创意、点茶茶空间设计、创新点茶饮品等。

1. 培训课程及教材

点茶经营点或企业在运营的同时,会总结并开发出点茶相关培训课程及教材,内容包含点茶技能和点茶文化等。对外开展培训是传播点茶文化和宣传品牌形象的良好途径。课程是培训的核心内容。

2. 点茶活动策划

点茶活动策划的内容主要有以下方面:

第一,明确活动的主题,比如传统茶文化、健康饮茶、点茶表演等。

第二,确定活动的目标,比如教育、娱乐、社交、品牌推广等。

第三,选择日期和时间,根据目标受众的可用性和活动的性质选择合适的日期和时间。

第四,选择一个适合茶活动的场地,要考虑空间大小、氛围、交通便利性等因素。

第五,制订详细的预算计划,包括场地租赁、茶具、茶叶、装饰、宣传、人员等费用。

第六,制订详细的活动流程,包括开场、点茶展演、茶品品鉴、互动环节、结束语等。

第七,制订宣传计划,利用社交媒体、海报等线上线下渠道进行宣传。

3. 点茶主题创意

给点茶活动赋予鲜明的、有创意的主题,是加深客人对活动的印象,扩大影响力的有效手段。独创的点茶主题,具有重要的商业价值,对茶产品销售、市场拓展、品牌建设与推广、国际交流与合作等都有很大助力。主题创意需从实际需要出发,从点茶相关的茶人茶事、茶风茶俗、茶情茶性等方面入手,深入挖掘内涵,做好文化与商品的融合,实现文化和商业的双重价值。

4. 点茶茶空间设计

作为茶文化发展的巅峰,点茶有着极高的审美要求。茶空间作为点茶的空间载体,对设计思路和设计内容必然也有着极高的专业要求,这意味着茶空间设计具备很高的商业价值。茶空间设计的核心是茶席设计,还包括整体空间布局、色彩搭配、文化元素融入、音乐选择、光线设计等。

5. 创新点茶饮品

现代社会主张推陈出新,传统文化的复兴和可持续发展,也要求点茶在发展时吸收新时代元素,创新前行。创新点茶饮品是点茶经营主体需引入的新思路。创新的饮品能迎合当代消费者的心理需求和现实需求,让历史悠久的点茶文化迸发出新的活力,具备相当高的商业价值。

创新点茶的创意可以是古今结合,中外合璧,例如水丹青里作现代画,点茶与咖啡结合,点茶与酒结合。另外,也可将泡茶茶汤用于点茶,增加点茶茶汤的滋味,展现点茶的包容性和创新性。

（二）现场呈现类点茶服务

现场呈现类点茶服务有点茶活动、点茶展演等。

点茶活动和点茶展演作为现场呈现类点茶服务，通常以知识讲座加现场体验、公司开业庆典接待、境内外文化输出交流展示等形式呈现。点茶活动、点茶展演的内容仍然以点茶技艺和点茶流程为主，辅以点茶茶席布置、茶空间布局、点茶文化宣讲、点茶主体人员的妆服设计、主题或背景音乐的配备等。

二、点茶服务销售渠道

点茶服务内容众多，可服务范围广泛，适宜开拓多种销售渠道，常见的销售推广方式有以下几种：

第一，在社交媒体平台发布点茶相关内容。

随着互联网的普及，社交媒体平台成为人们获取信息的重要途径。通过在微博、微信、抖音等社交媒体平台上发布与点茶服务相关的内容，可以吸引更多的关注。

具体而言，可以发布点茶的历史文化、品茗技巧、茶器具鉴赏等内容，同时结合视频、图片等多种形式，提高内容的吸引力。此外，还可以通过与知名博主合作，开展线上直播等方式，进一步扩大影响力。

第二，举办线下活动。

线下活动是推广点茶服务的一种重要方式。可以通过举办茶友会、品茗活动等形式，吸引潜在学员的关注。在活动中，可以展示点茶的魅力，让学员亲自体验品茗的乐趣。还可以通过与文化机构、社区等合作开展活动，增加受众范围。

第三，与高校等教育机构合作。

与教育机构合作是推广点茶服务的另一种有效方式。可以与高校、职业培训机构等开展项目合作，为学生和职场人士提供专业的点茶培训。同时，可以借助教育机构的资源和渠道进行宣传和推广，扩大受众范围。此外，还可以与相关行业组织、协会等建立合作关系，共同推动点茶文化的发展和传播。

第四，举办比赛和活动评选。

还可以通过举办斗茶比赛和评选活动推广点茶服务。不仅可以吸引更多人的关注和参与，同时也可以选拔出优秀的茶艺人才和作品进行展示和宣传。还可以在比赛中设立奖项和奖金等激励措施，激发学员的学习热情和参与度。此外，可与相关机构合作开展跨界合作活动，如文化节等，扩充点茶服务内容，扩大服务范围。

附：点茶师技能等级评价标准技术要求

点茶师技能要求共分五级，其中五级对应本书中的初级，四级对应中级，三级对应高级，二级和一级属更高级别的点茶师技能，涉及点茶茶空间的开设和业务管理，及点茶茶事服务和业务创新，将会在后续研究和教材编写中得以体现。

五级

技能功能	内容	知识要求	实操要求
1.前期准备	1.1 仪容仪表	1.1.1 点茶师着装原则和技巧知识 1.1.2 点茶师妆容要求 1.1.3 点茶师形体礼仪基础知识 1.1.4 点茶师个人卫生知识	1.1.1 能按照点茶师礼仪要求着装 1.1.2 能按照点茶师礼仪要求进行妆容的准备 1.1.3 能按照点茶师要求做好形体准备 1.1.4 能按照点茶师要求做好个人卫生准备
	1.2 点茶备器	1.2.1 六大茶类所制茶粉的特点 1.2.2 点茶茶器的名称及用途	1.2.1 能准确辨识六大茶类所制茶粉 1.2.2 能按点茶要求准备好器物并合理摆放
2.茶间操作	2.1 点茶流程	2.1.1 点茶水温知识 2.1.2 点茶的茶与水的比例要求 2.1.3 点茶操作流程：非遗点茶十二式 2.1.3 一盏茶的质量判断标准知识	2.1.1 能根据点茶水温的要求备水、净器、烧水 2.1.2 能按比例调配好茶水比 2.1.3 能运用非遗点茶十二式点出茶汤，操作过程流畅，动作优雅 2.1.4 能鉴定所点茶汤的质量高低
3.后期工作	3.1 茶器的保存保养	3.1.1 点茶茶器具的清洁保养知识 3.1.2 茶粉的保存知识 3.1.3 茶盏的制作工艺与保养知识 3.1.4 茶筅的正确使用和保养知识	3.1.1 能正确清洁和保养各类茶器具 3.1.2 能正确保存各类茶粉

四级

技能功能	内容	知识要求	实操要求
1. 准备工作	1.1 茶会准备	1.1.1 宋代茶礼、现代茶会礼仪知识 1.1.2 茶会的类型 1.1.3 各种小型茶会活动的服务流程知识	1.1.1 能够根据茶会的要求安排好服务流程 1.1.2 能够根据茶会的要求接待顾客
	1.2 茶席设计	1.2.1 宋代茶席的形成及构成 1.2.2 现代茶席的种类及摆放设计要求	1.2.1 能根据茶会的接待要求选择和摆放好茶具 1.2.2 能合理装饰茶席，使整体和谐美观，给客人留下美好的印象
2. 茶会服务	2.1 茶会接待	2.1.1 茶会的迎宾礼仪要求 2.1.2 茶会接待中的注意事项	2.1.1 熟悉茶会的接待礼仪，让参加的客人有宾至如归的感觉 2.1.2 能设计小型茶会接待流程
	2.2 茶会点茶	2.2.1 点茶所用茶器的名称、功能及摆放要求 2.2.2 点茶十二式的流程及操作要点	2.2.1 能向客人介绍本次茶会的茶品、茶具 2.2.2 能熟练完成点茶操作步骤 2.2.3 能向客人介绍每一步骤的名称、操作要点，与客人有良好的互动
	2.3 茶汤品鉴	2.3.1 宋代和现代点茶的品鉴标准 2.3.2 不同茶类茶粉所点茶汤的品质特征 2.3.3 白茶茶粉所点茶汤的优势特点 2.3.4 建阳白茶的制作工艺流程	2.3.1 掌握茶汤的品鉴标准 2.3.2 掌握不同茶类茶汤的品鉴 2.3.3 熟悉白茶茶粉所点茶汤的品鉴特点 2.3.4 熟悉建阳白茶的制作工艺
	2.4 茶点服务	2.4.1 茶点相关知识 2.4.2 茶点选择原则 2.4.3 茶与茶点的搭配方法	2.4.1 掌握不同茶类与茶点的搭配 2.4.2 能解答客人有关茶品的问题
	2.5 茶品推介	2.5.1 适量喝茶的好处 2.5.2 过量喝茶的副作用 2.5.3 不同茶类的适饮人群及原因	2.5.1 熟悉各种茶类对人身体的影响 2.5.2 根据客人的性别、年龄和身体情况推荐适饮的茶品

三级

技能功能	内容	知识要求	实操要求
1.前期准备	1.1 点茶展演空间设计	1.1.1 宋代点茶空间场景分类知识 1.1.2 宋代点茶空间审美标准 1.2.3 现代点茶空间审美知识，包括分区布局、色彩搭配、灯光设计、家居配饰等	1.1.1 能灵活运用宋代点茶空间元素和审美标准，完成现代点茶空间设计 1.1.2 能根据点茶展演空间特点合理分区 1.1.3 能合理进行空间色彩搭配 1.1.4 能合理进行灯光设计
	1.2 点茶装束设计	1.2.1 宋代男子点茶服饰知识 1.2.2 宋代女子点茶服饰知识 1.2.3 宋代点茶的妆容和造型知识 1.2.4 点茶装束搭配原则和方法	1.2.1 能进行舞台及重要接待的点茶装束搭配 1.2.2 能进行大中小型茶会及主体雅集的点茶装束搭配 1.2.3 能进行生活化的点茶装束搭配
2.茶艺服务	2.1 点茶主题设计	2.1.1 茶叶、茶粉知识 2.1.2 茶文化、茶故事知识 2.1.3 茶席设计知识 2.1.4 主题词写作知识	2.1.1 能从茶粉特性、文化表达、故事叙说等方面构思点茶展演主题 2.1.2 能根据主题内涵创设茶席 2.1.3 能根据主题内涵创作主题词
	2.2 点茶表演	2.1.1 点茶表演流程 2.1.2 点茶表演注意事项 2.1.3 点茶表演的另类形式——茶百戏	2.1.1 能单独或小组完成主题点茶表演 2.1.2 能用娴熟的手法完成主题点茶表演的全部操作 2.1.3 能依托点茶手法、主题解说、茶席设计、场景设计等，完整表达主题 2.1.4 能借助服饰、妆造、灯光、音乐等，烘托主题表达 2.1.5 能完成简单的茶百戏
	2.3 主题阐述	2.3.1 声音表达技巧 2.3.2 咬字吐词技巧 2.3.3 情绪渲染技巧 2.3.4 顾客心理知识	2.3.1 能用普通话（或其他汉语）阐述点茶主题 2.3.2 能声情并茂地通过主题解说营造氛围感，升华主题 2.3.3 能让观众接收到完整的主题表达
	2.4 品鉴服务	2.4.1 茶汤品鉴知识 2.4.2 茶饮服务礼仪 2.4.3 茶饮服务技巧 2.4.4 顾客服务心理知识	2.4.1 能准确品鉴和介绍茶汤汤色、沫饽厚度和细腻程度、茶汤滋味 2.4.1 能正确为观众或评委进行茶汤侍奉、茶汤介绍

（续表）

技能功能	内容	知识要求	实操要求
3.销售服务	3.1 茶产品销售	3.1.1 六大茶类知识 3.1.2 六大茶类工艺知识 3.1.3 点茶成汤成沫的原理 3.1.4 茶汤品鉴知识 3.1.5 点茶器的功能、特性和文化价值 3.1.6 顾客消费心理知识	3.1.1 能对六大茶类制成茶粉的相应技法了然于心，熟练介绍 3.1.2 能正确介绍六大茶类制成的茶粉的特性、点出的茶汤的特性 3.1.3 能根据客人的消费喜好准确推荐茶叶或茶粉 3.1.4 能正确介绍点茶器的功能、特性和文化价值 3.1.5 能根据客人的消费喜好准确推荐茶器
	3.2 点茶服务销售	3.3.1 点茶服务销售内容：知识类点茶服务和现场呈现类点茶服务 3.3.2 营销方法、手段和渠道	3.2.1 能准确介绍知识类服务产品和现场呈现类点茶服务 3.2.2 能根据客人要求准确推荐点茶服务

二级

技能功能	内容	知识要求	实操要求
1.点茶茶空间开设	1.1 点茶茶空间规划	1.1.1 点茶坊定位知识 1.1.2 点茶坊选址原则和方法 1.1.3 点茶坊整体布局与规划知识	1.1.1 能准确定位点茶坊的风格、规模大小、消费群体和发展目标等 1.1.2 能对照点茶坊各项要求准确选址 1.1.3 能根据点茶坊定位和目标地址做出合理的整体布局规划
	1.2 点茶茶空间设计	1.2.1 点茶坊不同区域划分与布置原则和方法 1.2.2 点茶坊物品陈列方法和装潢知识 1.2.3 风格营造基本知识	1.2.1 能根据点茶坊的整体布局设置不同区域 1.2.2 能根据不同区域的功能陈列物品和装饰空间 1.2.3 能根据点茶需求不同灵活切换区域风格
2.点茶茶空间业务管理	2.1 业务划分	2.1.1 点茶坊日常业务工作内容 2.1.2 点茶坊日常工作流程	2.1.1 能清晰划分点茶坊业务模块 2.1.2 能制订各个业务模块的工作流程
	2.2 业务管理	2.2.1 点茶坊工作推行方法 2.2.2 账务预算和管理知识 2.2.3 人力资源管理知识	2.2.1 能有效推行各个工作流程 2.2.2 能进行账务预算和管理 2.2.3 能进行员工管理

（续表）

技能功能	内容	知识要求	实操要求
3.茶事活动	3.1 点茶传播	3.1.1 点茶展演基本知识 3.1.2 点茶茶会知识 3.1.3 点茶活动策划与实施方法 3.1.4 点茶渠道开拓知识	3.1.1 能策划点茶展演 3.1.2 能策划多种类型的茶会 3.1.3 能承接不同场合的点茶活动 3.1.4 能开拓点茶传播新渠道
	3.2 点茶培训	3.2.1 点茶师培训计划制订方法 3.2.2 点茶师培训工作组织方法 3.2.3 主题点茶展演队伍组建原则和方法 3.2.4 展演队伍训练方法与效果评估知识	3.2.1 能制订点茶师培训计划 3.2.2 能组织完整的点茶师培训教学工作 3.2.3 能组建主题点茶展演队伍 3.2.4 能对展演队伍进行培训

一级

技能功能	内容	知识要求	实操要求
1.茶饮和服务创新	1.1 茶饮创新	1.1.1 传统点茶知识 1.1.2 点茶内容和形式创新原则和方法	1.1.1 能对传统点茶进行内容创新 1.1.2 能对传统点茶进行形式创新
	1.2 服务创新	1.2.1 茶营养基础知识 1.2.2 茶健康基础知识 1.2.3 茶预防、调理和养生知识 1.2.4 茶配制原理和方法	1.2.1 能根据顾客口味需求配制适口茶饮 1.2.2 能根据顾客健康状况制订茶饮预防、调理和养生方案
2.茶事创新	2.1 茶宴创编	2.1.1 传统茶宴知识 2.1.2 茶宴创编原则和方法 2.1.3 茶宴展演方法	2.1.1 能对传统茶宴进行现代创编 2.1.2 能完整展演创编过的传统茶宴
	2.2 业务管理	2.2.1 传统斗茶会知识 2.2.2 斗茶会创意设计原则和方法 2.2.3 组织斗茶的原则和方法	2.2.1 能对传统斗茶会进行现代创新组织 2.2.2 能组织完整的现代斗茶会

（续表）

技能功能	内容	知识要求	实操要求
3.点茶茶空间经营业务创新	3.1 经营管理创新	3.1.1 点茶服务与茶事活动业务内容和拓展方法 3.1.2 茶文化旅游基本知识 3.1.3 文创产品设计知识 3.1.4 营销知识 3.1.5 茶活动策划原则与方法	3.1.1 能拓展点茶服务和茶事活动业务 3.1.2 能开拓点茶文创产品设计领域 3.1.3 能拓展点茶产品营销渠道 3.1.4 能创新点茶产品营销方法 3.1.5 能策划与点茶相关的其他活动
	3.2 点茶传播创新	3.1.1 点茶文化对外文化交流的方式和效果评估方法 3.1.2 学术总结方法如标准编制、教材编写、论文写作和课题申报等	3.2.1 能从形式和内容上提升点茶的对外文化交流功能 3.2.2 能对点茶文化和点茶实践做学术总结

参考文献

[1]赵荣光.中国饮食文化史[M].北京:中国轻工业出版社,2013.

[2]沈冬梅.茶的极致:宋代点茶文化[M].上海:上海交通大学出版社,2023.

[3]静清和.茶席窥美:茶席设计与茶道美学[M].北京:九州出版社,2023.

[4]杨多杰.茶的精神:宋代茶诗新解[M].北京:中华书局,2023.

[5]艺术研究中心.中国服饰鉴赏[M].北京:人民邮电出版社,2016.

[6]杨湧.茶艺服务与管理实务[M].南京:东南大学出版社,2012.

[7]赵佶.大观茶论[M].北京:九州出版社,2018.

[8]吴麟.建阳小白茶[M].福州:福建科学技术出版社,2022.

[9]耕而陶.懂点茶器[M].北京:九州出版社,2022.

[10]廖成义.后井滴一窑:廖成义建盏艺术[M].福州:福建美术出版社,2021.

[11]温燕.茶会活动策划与管理[M].北京:清华大学出版社,2023.

[12]秦菁菁.基于宋代点茶的现代茶文化展示空间设计研究[D].镇江:江苏大学,2023.